LERNBOX NATURWISSENSCHAFTEN

Lutz Stäudel · Brigitte Werber · Rita Wodzinski

Forschen wie ein Naturwissenschaftler

Das Arbeits- und Methodenbuch

FRIEDRICH VERLAG

Hallo,

du willst die Welt und ihre Geheimnisse erforschen und mehr herausfinden über die Dinge in deinem Alltag?

Die **Lernbox Naturwissenschaften**
- zeigt dir, aus welchem besonderen Blickwinkel Naturwissenschaftler die Welt betrachten,
- erklärt dir, wie du Fragen an die Natur mit Hilfe von Beobachtungen und Versuchen beantworten kannst,
- zeigt dir, welche Arbeitstechniken und Methoden ein Forscher einsetzt.

Du erfährst, wie du richtig beobachtest, misst und ordnest. Du bekommst **Tipps**, wie du Experimente planst, durchführst, dokumentierst und interpretierst oder Modelle zur Erklärung benutzt. So wirst du Schritt für Schritt zum Forscher.

In der **Lernbox** findest du
- Ideen für Versuche
- Bauanleitungen für einfache Geräte und Modelle
- Beispiele zum Mitdenken und Überlegen
- Aufgaben zum Üben und Anwenden

Wie du mit der **Lernbox** arbeitest, kannst du selbst entscheiden. Es gibt keine vorgeschriebene Reihenfolge. Beginne mit dem Kapitel, das du am interessantesten findest.

Viel Spaß bei der Arbeit mit deiner **Lernbox Naturwissenschaften**!

Die Lernbox im Überblick

lädt dich zum Überlegen und Mitdenken ein

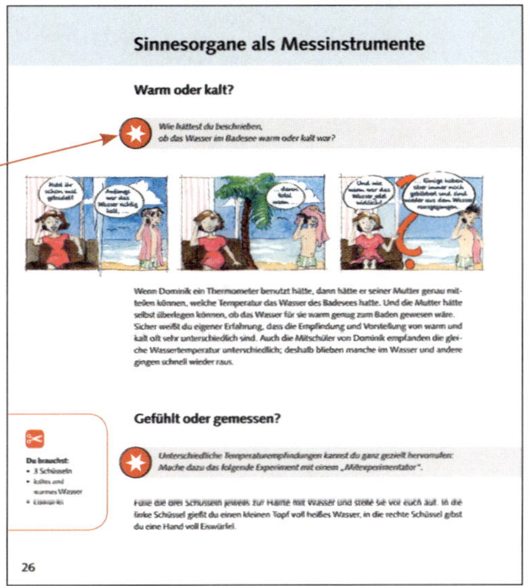

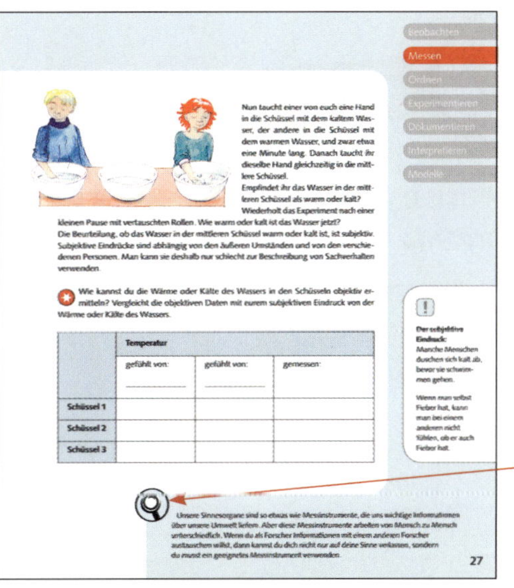

fasst Wichtiges zum Forschen zusammen

ermöglicht dir, das Gelernte anzuwenden

ermöglicht dir, deine Erkenntnisse zu notieren

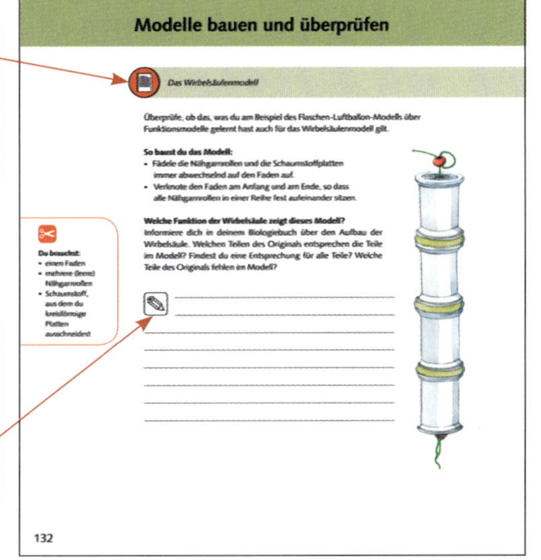

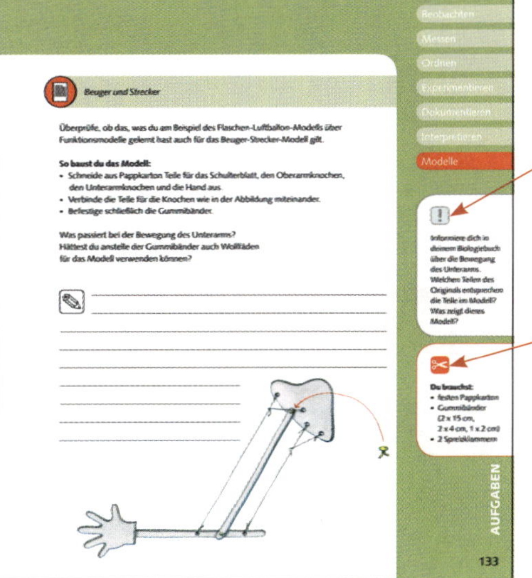

liefert zusätzliche Informationen

gibt die Materialien an, die du brauchst

1 | Beobachten

„Siehst du dort am Himmel den großen Hund?" „Ich sehe nur graue Regenwolken!" Bestimmt kennst du Situationen, in denen du etwas ganz anders gesehen hast als eine Freundin oder ein Freund. Verschiedenen Personen fallen meist unterschiedliche Details auf. Oft haben wir auch eine bestimmte Erwartung an das, was wir sehen wollen.

Wenn ein Forscher beobachtet, versucht er objektiv zu sein und sich von solchen Erwartungen frei zu machen. Er beobachtet mit großer Geduld und achtet darauf, dass ihm keine Einzelheit entgeht.

In diesem Kapitel erfährst du, wodurch sich das naturwissenschaftliche Beobachten vom alltäglichen Hinschauen unterscheidet. Du bekommst außerdem Tipps, worauf du beim Beobachten achten musst.

Gezielt Beobachten

Ich sehe was, was du nicht siehst

Auf dem Heimweg von der Schule sehen Paula und Martin schon von Weitem ein Polizeiauto mit Blaulicht an der Kreuzung stehen. Auf der Straße liegt ein Fahrrad, der Radfahrer sitzt auf dem Fußweg und tastet seinen Kopf nach Beulen ab.
„Da haben Sie richtig Glück gehabt, dass Sie sich nicht ernsthaft verletzt haben", sagt ein Polizist zu dem Mann, als Paula und Martin näher kommen.
„Das war ein hellblauer Golf, der hat den Radfahrer beim Abbiegen geschnitten", sagt gerade ein Fußgänger zu dem zweiten Polizisten.
„Nein, das war ein Kombi, und der war silbergrau!", ruft eine Frau dazwischen.
„Und es war eine Frau am Steuer."
„Ich habe es genau gesehen", sagt der Zeitungsausträger, „das Auto war metallic-grün und ein Mann mit grauen Haaren hat es gefahren."
Paula und Martin gehen weiter.
Martin sagt: „Das kann doch gar nicht sein, dass jeder was anderes gesehen hat!"
„Vielleicht haben sie alle erst hingeschaut, als der Radfahrer schon gestürzt war – und das Auto war schon halb weg", meint Paula.
„Naja, stimmt schon, sie wussten ja nicht, dass was passieren wird. Aber wann weiß man schon vorher, dass man seine Augen offen halten soll?"

Natürlich weißt du, dass man einen Unfall nicht „gezielt" beobachten kann – außer bei einer Stunt-Szene für einen Film vielleicht. Aber es gibt viele andere Situationen, in denen du mit großer Aufmerksamkeit und mit einer bestimmten Erwartung beobachtest:
• Wenn du eine Straße überqueren und sicher sein willst, dass kein Auto kommt,
• wenn du beim Einkaufen das Wechselgeld kontrollierst,
• wenn du bei einem Computerspiel deine Figur an gefährlichen Fallen vorbei lenkst.

Was im Alltag eher die Ausnahme ist, ist für einen Forscher die Regel:

> • Als Forscher hast du am Anfang eine bestimmte Erwartung, was passieren kann oder sollte.
> • Als Forscher gestaltest du die betreffende Situation gezielt, damit deine Beobachtungen möglichst eindeutig werden.
> • Als Forscher konzentrierst du dich auf die mögliche Beobachtung.

Als Forscher musst du aber auch offen sein für unvorhergesehene Beobachtungen. In welchen Situationen ist es sinnvoll, ohne eine bestimmte Erwartung zu beobachten?

Als Forscher beobachtest du gezielt: Du hast eine bestimmte Erwartung an das, was passieren könnte, und gestaltest eine Untersuchungssituation so, dass deine Beobachtungen möglichst eindeutig werden.

Gezielt Beobachten

Wenn Vor-Urteile den „Blick" verstellen

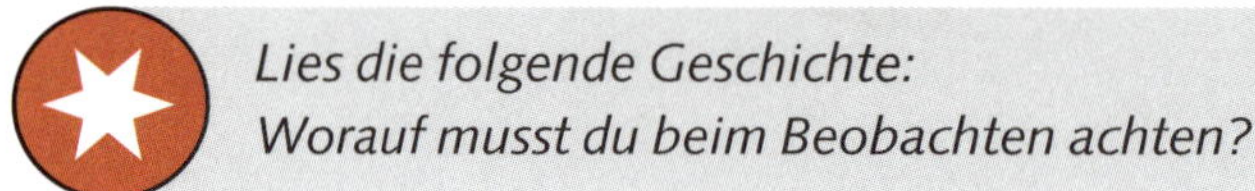

Sechs Blinde hören, dass der König das Nachbardorf besucht und auf einem Elefanten reitet. Ein Elefant, sagen sie, was ist das eigentlich? Jeder von ihnen geht ins Nachbardorf, um es herauszufinden. Der Erste greift nach dem Rüssel des Elefanten. Der Zweite kriegt einen Stoßzahn zu fassen. Der Dritte hält ein Ohr des Elefanten fest. Der Vierte tastet und umklammert ein Bein. Der Fünfte legt beide Hände auf den Bauch. Der Sechste fasst den Schwanz des Elefanten.

Als sie wieder zu Hause sind, beschreibt jeder, was er wahrgenommen hat: Der Elefant ist lang und stark wie eine Schlange, sagt der Erste. Aber nein, sagt der Zweite, der Elefant ist hart und spitz wie ein Knochen. Er ist dünn und faltig wie ein welkes Blatt, sagt der Dritte. Er ist kräftig und rund wie eine Säule meint der Vierte. Ihr wisst alle nicht, wovon ihr redet, sagt der Fünfte, er ist groß und breit wie eine Wand. Nein, er ist wie ein Seil, sagt der Sechste.

Man sieht, was man kennt

 *Welches der drei Mädchen erscheint dir am größten? Das hintere? Nimm ein Lineal und miss nach! Was stellst du fest?*

Tatsächlich sind alle drei Mädchen gleich groß. Sie scheinen nur deshalb unterschiedlich groß, weil du weißt, dass eine Gestalt umso kleiner erscheint, je weiter sie entfernt ist.

Man nennt solche Bilder „Optische Täuschungen". Suche in Büchern, Zeitschriften und im Internet nach weiteren Beispielen! Denke dir selbst eine optische Täuschung aus und teste deine Eltern, Geschwister und Freunde.

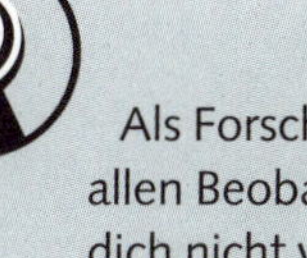

Als Forscher beschreibst du alle Einzelheiten und ziehst dann aus allen Beobachtungen deine Schlussfolgerungen. Dabei versuchst du, dich nicht von Alltagsvorstellungen beeinflussen zu lassen.
Du lässt dich überraschen von dem, was du siehst, selbst wenn du schon eine bestimmte Erwartung von dem hast, was du vielleicht sehen wirst.

Oft ist es nützlich, die Beobachtungen mit Hilfe von Instrumenten zu kontrollieren, hier z. B. mit einem Lineal.

Deine Erfahrung, dass weit entfernte Gegenstände nicht wirklich kleiner sind als ähnliche in der Nähe verhindert im Fall der drei Mädchen, dass du ohne Vorurteil – also „objektiv" – die Größe der Figuren einschätzen kannst.

Vorgänge beobachten

Wenn der Rost kommt

Überprüfe die folgenden Beobachtungen, indem du den Versuch selbst durchführst.

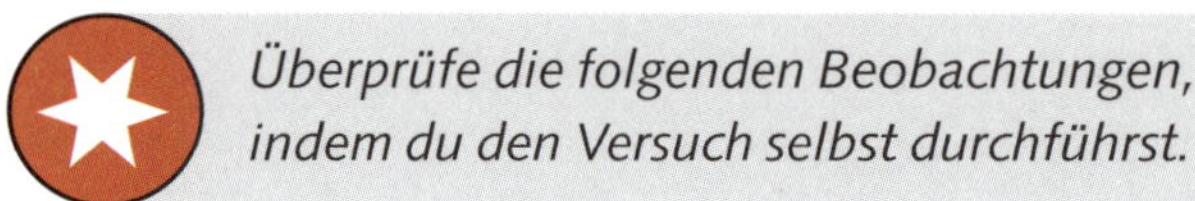

Nimm ein kleines Stück Stahlwolle (z. B. von Ako-Pads) und wasche die anhaftende Seife mit Wasser heraus; schüttle dann das Wasser wieder ab. Wie sieht das Stahlwolle-Büschel aus?
Lass das feuchte Büschel liegen und beobachte am nächsten Tag erneut: Was hat sich verändert? Wie sieht das Büschel nach 2, 3 oder 4 Tagen aus? Warum hast du die Veränderungen nicht gleich nach dem Anfeuchten gesehen?
Durch den Luftsauerstoff wird die feuchte Stahlwolle zu Rost umgewandelt. Dieser Vorgang läuft sehr langsam ab, deshalb entsteht sichtbarer Rost erst im Laufe von mehreren Tagen.

Trage deine Beobachtungen in die Tabelle ein.

So sieht die Stahlwolle aus:	
am 1. Tag	
am 2. Tag	
am 3. Tag	
am 4. Tag	

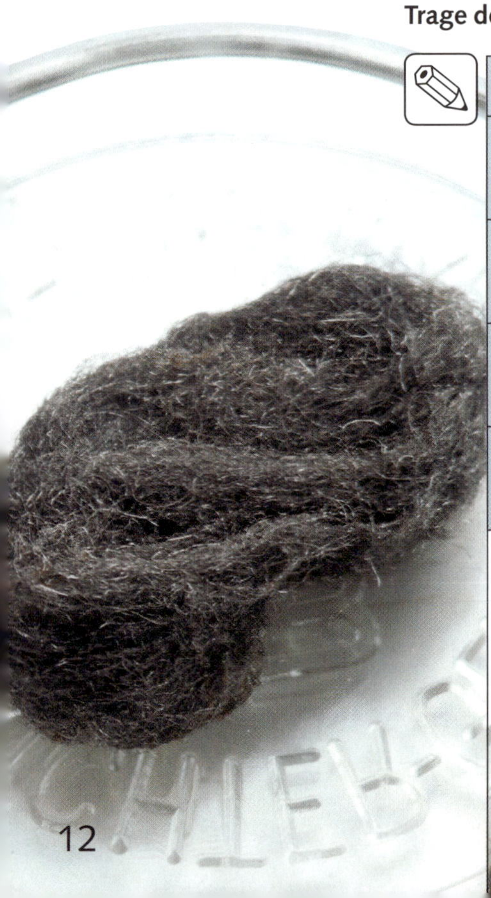

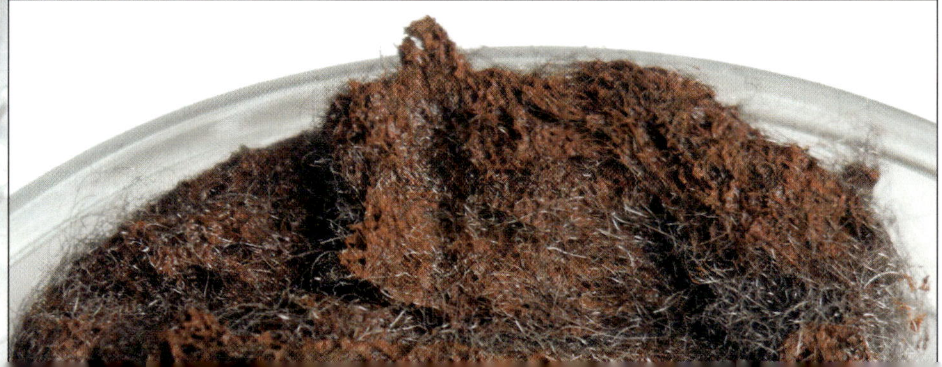

Plötzlich ist der Zucker weg

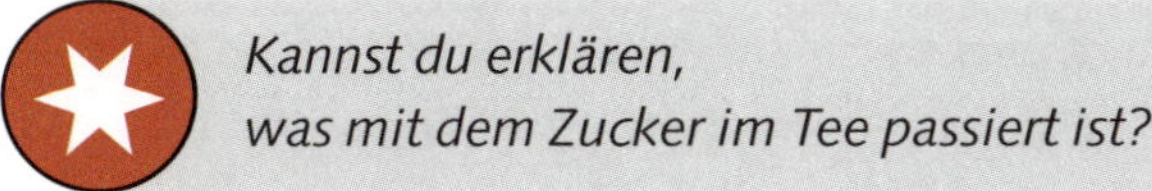

Kannst du erklären,
was mit dem Zucker im Tee passiert ist?

Du machst Hausaufgaben. Bevor du anfängst, holst du dir ein Glas Tee, gibst ein Stück Kandiszucker hinein und stellst das Glas zur Seite. Nach einer Stunde bist du mit deinen Hausaufgaben fertig – und der Kandiszucker ist verschwunden.

Deine Schwester oder dein Freund könnten jetzt durch bloßes Hinschauen nicht feststellen, ob im Tee Zucker ist oder nicht. Was ist passiert? Ist es überhaupt richtig, wenn man sagt, der Zucker ist „verschwunden"? Was ist tatsächlich mit dem Zucker passiert? Du findest es heraus, wenn du von Anfang an beobachtest: Von dem Moment an, wo du den Zucker in den Tee hineingibst, bis zu dem Zeitpunkt, wo du keinen Zucker mehr sehen kannst.

Trage deine Beobachtungen in die Textlücken ein.
Natürlich kannst du weitere Beobachtungen ergänzen!

Sofort nachdem ich das Kandisstück in den Tee gegeben habe, beobachte ich

____

Das Kandisstück wird ____

Nach _________ Minuten ist das Kandisstück nur noch etwa halb so groß wie am Anfang.

Nach _________ Minuten ist das Kandisstück nicht _______________________

Der Tee sieht aus wie ____

____

Beobachte andere Vorgänge in deinem Alltag:
Was passiert mit einem Stein, der von einer Mauer fällt, einem Glas Milch, das auf einem Tisch steht, oder einem Apfel, der vom Baum gefallen ist? Suche nach weiteren Beispielen. Bei welchen Vorgängen ist es sinnvoll, über einen längeren Zeitraum zu beobachten?

Als Forscher weißt du, dass viele Veränderungen erst nach längerer Zeit sichtbar werden. Du übst dich deshalb in Geduld und beobachtest über einen längeren Zeitraum.
Du beobachtest nicht nur den Anfang und das Ende eines Vorgangs, sondern auch die Veränderungen, die dazwischen ablaufen. Du kannst dann besser beschreiben, was und eventuell auch erklären wie etwas passiert ist.

Ein Wassertropfen als Vergrößerungsglas

*Betrachte verschiedene Gegenstände einmal
durch einen Wassertropfen.*

**Ein einfaches
Vergrößerungsgerät
aus der Natur ist der
Wassertropfen**

Vergleiche einmal die
Form eines Wasser-
tropfens in der
Seitenansicht mit der
Linse einer Lupe!

Gib einen Tropfen Wasser auf ein grünes Blatt, auf die Seite einer Magazinzeitschrift
oder auf einen Joghurt-Alu-Deckel.

Schneide ein Foto aus einer Tageszeitung aus und lege es unter eine glatte durchsichtige Folie. Bring einen Tropfen Wasser auf die Oberfläche und betrachte das
Foto durch den Wassertropfen! Was erkennst du?

Wassertiere unter der Lupe

*Baue eine einfache Dosenlupe und betrachte
damit kleine Wassertiere.*

Hast du schon einmal eine Vogelfeder, ein Blatt oder einen Fingerabdruck unter einer
Lupe betrachtet? Mit der Lupe kannst du Strukturen erkennen, die du mit dem bloßen
Auge nicht mehr sehen kann. Eine einfache Dosenlupe, um kleine Tiere unter Wasser zu
beobachten, kannst du ganz einfach selber bauen:

Nimm eine Konservendose, schneide sie an beiden Seiten mit dem Büchsenöffner
auf. Lege eine Klarsichtfolie über die Öffnung und klebe sie wasserdicht ab.
Durch die Wölbung, die beim Eintauchen durch den Wasserdruck entsteht, hast du jetzt
eine Lupe.

Als Forscher weißt du, was deine Sinnesorgane leisten können und wo ihre Grenzen sind.
Daher benutzen Forscher oft technische Geräte zur Erweiterung ihrer Wahrnehmungs-
möglichten.

Die Wahrnehmung erweitern

Buchstaben unter dem Mikroskop

Übrigens:
Welche anderen Hilfsmittel zur Beobachtung kennst du? Welche Sinne werden dadurch unterstützt?

Mit einem Mikroskop kann man Dinge betrachten, die man auch mit einer Lupe nicht mehr erkennen kann. wenn du die Druckbuchstaben einer Buchseite unter dem Mikroskop betrachtest, erkennst du keine durchgängige Linie, sondern einzelne Punkte und die Fasern des Papiers.

Übrigens:
Mikroskop, Fernseher, Nachtsichtgerät oder Schallverstärker unterstützen die menschlichen Sinne. Es gibt aber auch Hilfsmittel, die etwas beobachtbar machen, was die menschlichen Sinne nicht erfassen können, z.B. Radiowellen, Magnetfelder und auch radioaktive Strahlung.

So sehen gedruckte Buchstaben unter einem Mikroskop aus

Schreibe mit Bleistift einen Buchstaben auf weißes Papier. Schneide den Buchstaben dann aus und lege ihn auf einen Objektträger. Schaue ihn zunächst unter einer Lupe an, dann unter einem Mikroskop mit unterschiedlicher Vergrößerung. Was siehst du?

Du brauchst:
- 1 weichen Bleistift
- weißes Papier
- Schere
- Mikroskop

____

____

____

____

Hilfsmittel zum Beobachten

Wenn ihr kleine Dinge genauer betrachten wollt, hilft euch die **Lupe**, denn sie vergrößert einen Gegenstand oder ein Lebewesen. Mit einer Lupe kannst du z. B. die Adern in einem Blatt erkennen, du kannst eine Ameise oder eine Spinne genauer betrachten. Ältere Menschen benutzen eine Lupe manchmal als Lesehilfe, und das Uhrwerk einer Taschenuhr kann nur unter einer Lupe repariert werden. Lupen bestehen aus einem gewölbten durchsichtigen Glaskörper, der Linse, und einem Rahmen. Je dicker die Linse ist, desto stärker vergrößert sie.

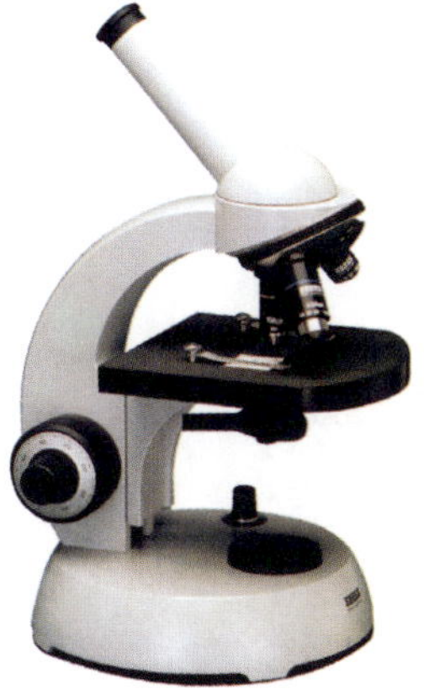

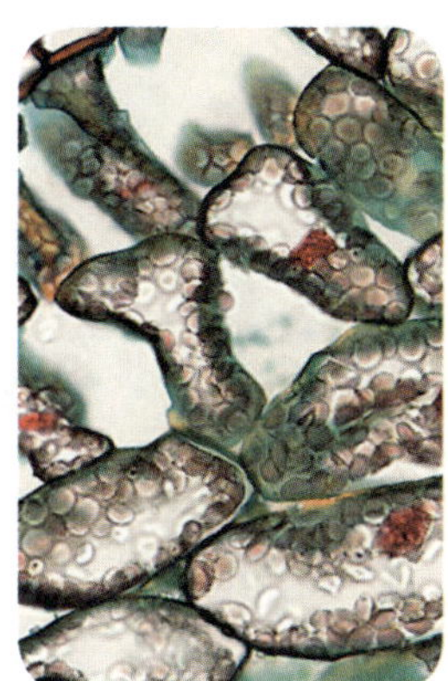

Mit einem **Lichtmikroskop** kannst du Dinge betrachten, die so klein sind, dass du sie nicht einmal mehr mit einer Lupe erkennen kannst. Das Objekt wird von unten beleuchtet und so für dich sichtbar gemacht. Das Mikroskop enthält mehrere Linsen in einer bestimmten Anordnung, dadurch wird das Bild stärker vergrößert als mit einer Lupe. Mit einem Mikroskop kannst du zum Beispiel den Aufbau eines Blattes betrachten. Du kannst verschiedene Schichten und einzelne Zellen erkennen.

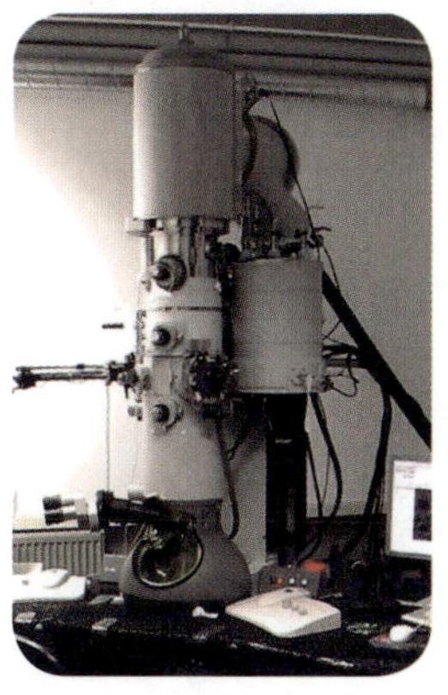

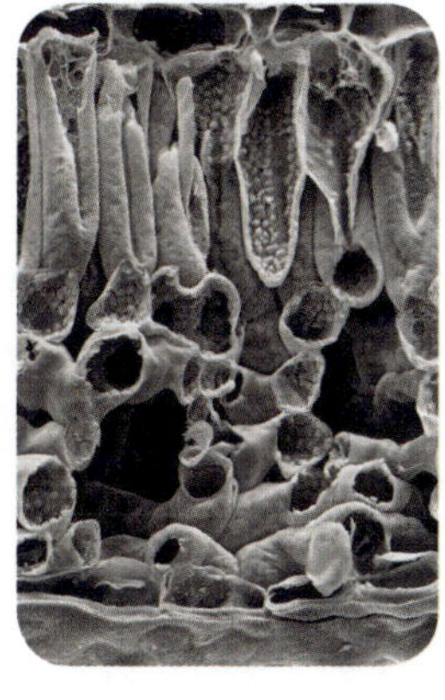

Noch stärker als mit einem Lichtmikroskop kann ein Objekt mit einem **Elektronenmikroskop** vergrößert werden. Mit einem solchen Gerät kannst du Strukturen erkennen, die du mit dem Lichtmikroskop nicht mehr sehen kannst. Du kannst z. B. sehen, dass die Blattzellen einen Hohlraum haben und viele kleine rundliche Gebilde enthalten, die Chloroplasten.

„Beobachten" mit allen Sinnen

Große Ohren hören besser

„Vergrößere" deine Ohrmuschel mit einem selbst gebauten Papptrichter. Kannst du besser hören?

Tiere, die besonders gut hören können, erkennt man oft an den großen Ohren. Schau dir die Abbildungen von Elefanten, Fledermäusen oder Wüstenfüchsen an. Ein Wüstenfuchs hört z.B. noch Geräusche aus vielen Metern Entfernung. Wir Menschen können dagegen sehr leise Geräusche oft nicht wahrnehmen. Könnten wir besser hören, wenn wir größere Ohren hätten?

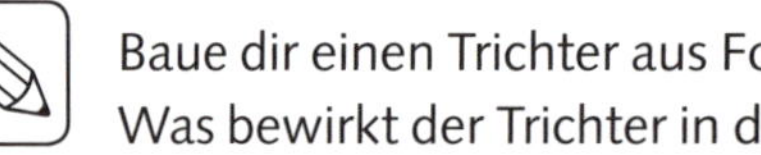
Baue dir einen Trichter aus Fotokarton.
Was bewirkt der Trichter in deinem Ohr?

____

____

Gib einen halben Teelöffel Speisesalz in eine kleine Pfanne und erhitze sie auf dem Herd. Wenn das Salz heiß genug ist, wirst du ein leises Knistern hören. Das kannst du mit deinem Hörrohr verstärken.

Fühlen statt Sehen

Könnt ihr richtige Schlüsse ziehen,
wenn ihr nur mit einem Sinnesorgan wahrnehmt?

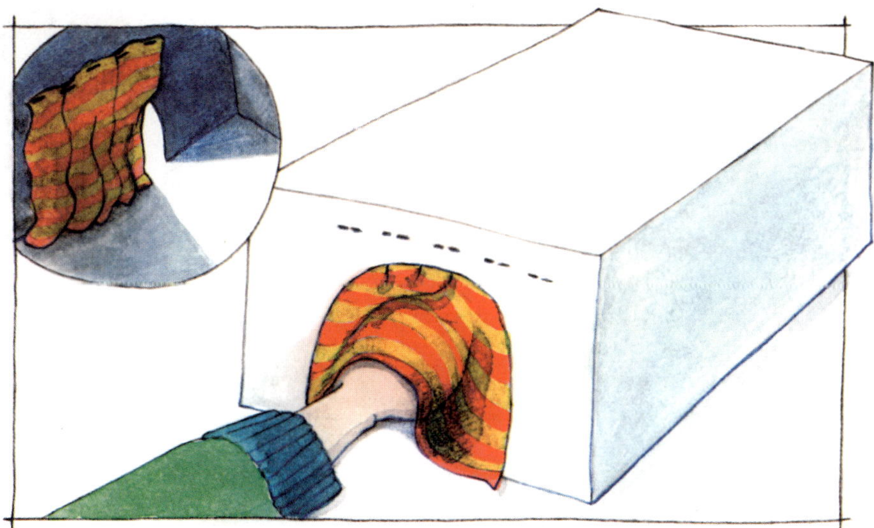

Baue dir selbst einen Fühlkasten: Schneide in einen Schuhkarton auf einer Seite ein Loch zum Hineingreifen. Hefte ein Stück Stoff oberhalb des Loches auf der Innenseite des Kartons fest. Lege einen Gegenstand in den Karton, dein Freund muss mit seinem Tastsinn herausfinden, worum es sich handelt. Was stellt ihr fest?

Es ist gar nicht so leicht, mit nur einem Teil der Sinnesinformationen einen Sachverhalt richtig zu erfassen. Das liegt daran, dass wir es aus dem Alltag gewohnt sind, Situationen mit allen Sinnen gleichzeitig zu erfassen.

Du brauchst:
- Schuhkarton
- Stoffrest
  ca. 15 x 15 cm
- Klebstoff

Denk dir andere Beobachtungsaufgaben aus, bei denen du deine Sinne nur zum Teil einsetzen kannst. Wie wäre es zum Beispiel mit einem Geräusche-Quiz?

Als Forscher beobachtest du nicht nur, was du siehst, sondern du erfasst einen Sachverhalt mit so vielen Sinnen wie möglich, um ein vollständiges Bild zu bekommen.

Teste deinen Forscherblick

Wie erstarrt Wachs?

Entzünde zwei ungebrauchte Teelichter (mit Aluminium-napf) auf einer festen, glatten Unterlage. Lösche die Flammen, sobald das Wachs in beiden Behältern ganz und gar geschmolzen ist. Entferne dann aus einem Napf den Docht samt Halter mit einer Pinzette. Gieße aus dem anderen Napf so viel flüssiges Wachs in den ersten, bis dieser randvoll ist. Beobachte genau, was beim Festwer-den passiert und notiere alle Beobachtungen.

Rätselhafte Wasserpest

Besorge dir zwei bis drei Wasserpest-Sprossen in einer Zoohandlung. Fülle ein Glas mit Leitungswasser und gib die Sprossen hinein. Die abgeschnittenen Enden sollen nach oben zeigen. Achte darauf, dass die Sprosse ganz untergetaucht sind. Stell das Glas an einen hellen Platz, z. B. in die Sonne oder unter eine starke Lampe. Beob-achte eine Zeit lang. Was verändert sich, wenn du das Glas an einen dunklen Ort stellst? Was passiert, wenn du anstelle von Leitungswasser Mineralwasser verwendest? Notiere deine Beobachtungen.

Gleich oder ungleich?

Dein Freund behauptet, dass die Tischplatten A und B gleich groß sind. Überprüfe seine Behauptung: Zeichne die Platte A sehr genau auf weißes Papier, schneide das Viereck aus. Lege es erst auf die Tischplatte A , dann auf die Tischplatte B. Was stellst du fest?

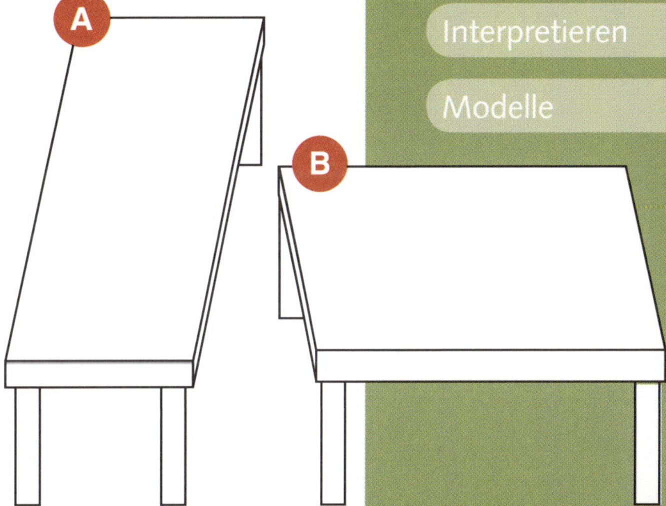

Das schwitzende Blatt

Suche dir in eurer Wohnung eine Pflanze mit großen dünnen Blättern und umhülle ein Blatt oder einen kleinen Zweig mit mehreren Blättern mit einer durchsichtigen Plastiktüte (z. B. mit einem Brotbeutel). Verschließe das Ende der Plastiktüte mit einem Bindfaden. Stelle die Pflanze ins Licht und notiere jede Stunde deine Beobachtungen.

 # Beobachten wie ein Forscher:

Als Forscher beobachtest du Vorgänge anders als in deinem Alltag.
Schreibe auf, worauf du beim naturwissenschaftlichen Beobachten achten musst.
Du findest hier einige Stichwörter, die dir dabei helfen können.

Beobachten bedeutet für mich:

2 | Messen

Wenn ein Forscher ein Lebewesen, einen Gegenstand oder einen Stoff beschreibt, gibt er meist dessen Größe, Masse oder Volumen an. Die nötigen Informationen liefern ihm Messinstrumente. Einige Messinstrumente wie zum Beispiel eine Waage, einen Zollstock oder ein Thermometer kennst du sicherlich aus deinem Alltag. Auf dem Foto siehst du einen Ausschnitt aus einem Galileithermometer. Weißt du, wie man hieran die Temperatur abliest?

In diesem Kapitel lernst du verschiedene Messinstrumente kennen und erhältst viele Tipps, wie man damit messen kann. Außerdem erfährst du, wie man Messergebnisse richtig abliest, welche Maßeinheiten sinnvoll sind und wie genau ein Messwert angegeben werden muss.

Sinnesorgane als Messinstrumente

Warm oder kalt?

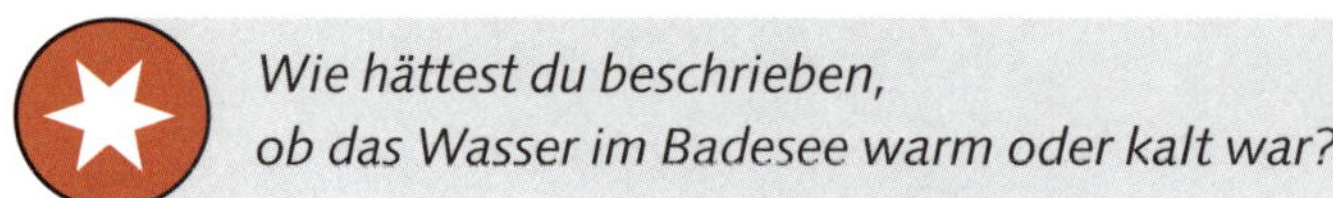

Wenn Dominik ein Thermometer benutzt hätte, dann hätte er seiner Mutter genau mitteilen können, welche Temperatur das Wasser des Badesees hatte. Und die Mutter hätte selbst überlegen können, ob das Wasser für sie warm genug zum Baden gewesen wäre. Sicher weißt du eigener Erfahrung, dass die Empfindung und Vorstellung von warm und kalt oft sehr unterschiedlich sind. Auch die Mitschüler von Dominik empfanden die gleiche Wassertemperatur unterschiedlich; deshalb blieben manche im Wasser und andere gingen schnell wieder raus.

Gefühlt oder gemessen?

Du brauchst:
- 3 Schüsseln
- kaltes und warmes Wasser
- Eiswürfel

Fülle die drei Schüsseln jeweils zur Hälfte mit Wasser und stelle sie vor euch auf. In die linke Schüssel gießt du einen kleinen Topf voll heißes Wasser, in die rechte Schüssel gibst du eine Hand voll Eiswürfel.

Nun taucht einer von euch eine Hand in die Schüssel mit dem kaltem Wasser, der andere in die Schüssel mit dem warmen Wasser, und zwar etwa eine Minute lang. Danach taucht ihr dieselbe Hand gleichzeitig in die mittlere Schüssel.

Empfindet ihr das Wasser in der mittleren Schüssel als warm oder kalt?

Wiederholt das Experiment nach einer kleinen Pause mit vertauschten Rollen. Wie warm oder kalt ist das Wasser jetzt?

Die Beurteilung, ob das Wasser in der mittleren Schüssel warm oder kalt ist, ist subjektiv. Subjektive Eindrücke sind abhängig von den äußeren Umständen und von den verschiedenen Personen. Man kann sie deshalb nur schlecht zur Beschreibung von Sachverhalten verwenden.

★ Wie kannst du die Wärme oder Kälte des Wassers in den Schüsseln objektiv ermitteln? Vergleicht die objektiven Daten mit eurem subjektiven Eindruck von der Wärme oder Kälte des Wassers.

	Temperatur		
	gefühlt von: ______	gefühlt von: ______	gemessen:
Schüssel 1			
Schüssel 2			
Schüssel 3			

Der subjektive Eindruck:
Manche Menschen duschen sich kalt ab, bevor sie schwimmen gehen.

Wenn man selbst Fieber hat, kann man bei einem anderen nicht fühlen, ob er auch Fieber hat.

Unsere Sinnesorgane sind so etwas wie Messinstrumente, die uns wichtige Informationen über unsere Umwelt liefern. Aber diese Messinstrumente arbeiten von Mensch zu Mensch unterschiedlich. Wenn du als Forscher Informationen mit einem anderen Forscher austauschen willst, dann kannst du dich nicht nur auf deine Sinne verlassen, sondern du musst ein geeignetes Messinstrument verwenden.

Geeignete Messinstrumente finden

Wer die Wahl hat …

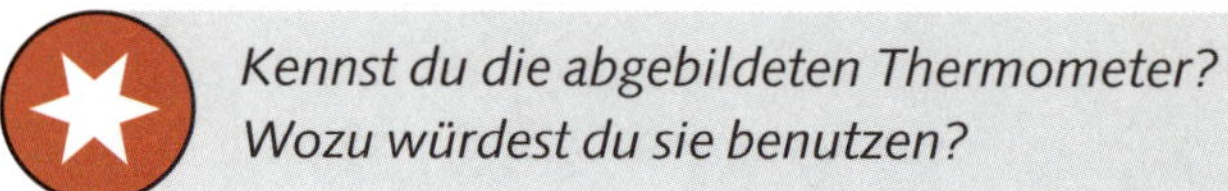

Lies die Temperatur erst ab, wenn sich die Höhe der Flüssigkeit in dem Steigrohr nicht mehr ändert. Halte das Thermometer beim Ablesen so, dass sich das Ende der Flüssigkeitssäule in Augenhöhe befindet.

Mit einem Thermometer können Temperaturen genau und zuverlässig bestimmt werden. Viele Thermometer, die du im Alltag benutzt, sind Flüssigkeitsthermometer. Dies bedeutet, dass das Thermometer eine Flüssigkeit – meistens Alkohol – enthält. Die Flüssigkeit befindet sich in der Thermometerkugel. Beim Erwärmen dehnt sie sich aus und wird in das Steigrohr gedrängt. Das Steigrohr ist mit einer Skala versehen, an der du die Temperatur ablesen kannst. Beim Abkühlen zieht sich die Flüssigkeit in der Thermometerkugel wieder zusammen.

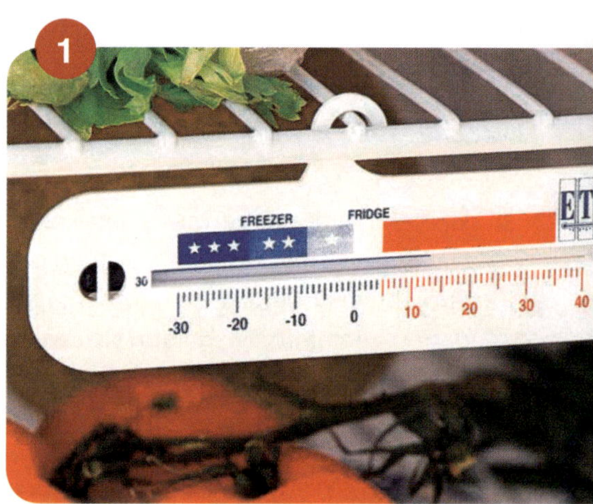

Welche der abgebildeten Thermometer funktionieren nach diesem Prinzip? Welche anderen Thermometer kennst du?

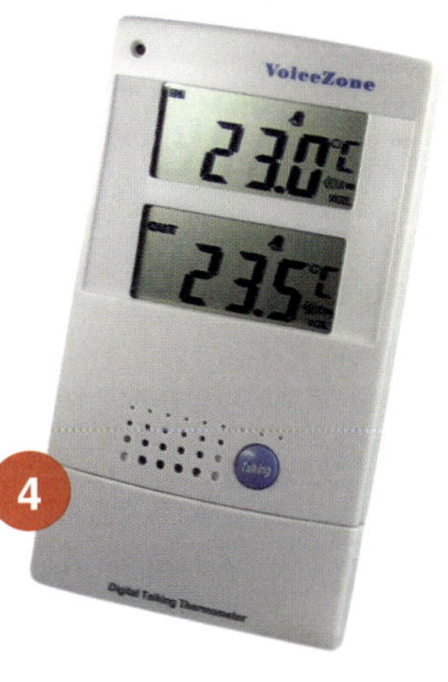

Wie heißen die abgebildeten Thermometer?

1. ______________________________

2. ______________________________

3. ______________________________

4. ______________________________

5. ______________________________

6. ______________________________

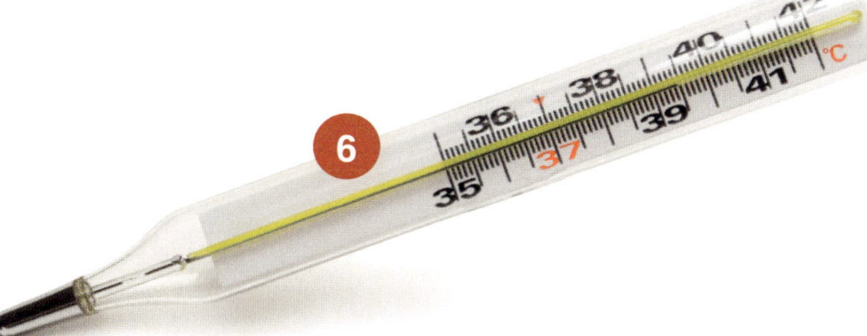

1. Kühlschrankthermometer,
2. Backofenthermometer,
3. Galileithermometer,
4. Außenthermometer,
5. Laborthermometer,
6. Fieberthermometer

Geeignete Messinstrumente finden

Messen – aber wie ?

Überlege:
Wie misst du
am besten den
Umfang eines Balls?
Wie misst man
die Entfernung
eines Gewitters?
Wie kann man
das Gewicht
einer Hand messen?

Ein Maurerlehrling erhält bei seiner Abschlussprüfung folgende Aufgabe: Wie misst man die Höhe eines Hauses mit einem Zollstock? Der Maurerlehrling überlegt eine Weile und schlägt dann mehrere Möglichkeiten vor:

- Ich lasse den Zollstock mit einer Schnur vom Dach bis auf den Boden hinunter und messe anschließend die Länge der Schnur.
- Ich lasse den Zollstock vom Dach fallen und stoppe die Zeit bis zum Aufschlag.
- Ich messe mittags, wie lang der Schatten des Hauses ist, und vergleiche mit dem Schatten des ausgeklappten Zollstocks.

 Was hältst du von diesen Vorschlägen?

Ein Zollstock ist nicht gerade das geeignete Instrument, um die Höhe eines Hauses zu messen, auch wenn man damit grundsätzlich Längen bestimmt. Um Höhen von Gebäuden zu messen, benutzt man ein spezielles Messinstrument, ein so genanntes Nivelliergerät.

Auch für viele andere Messprobleme gibt es ganz spezielle Instrumente:

Die Helligkeit kann man mit einem Luxmeter messen.

Die Lautstärke misst man mit einem Schallpegelmessgerät.

Informiere dich im Lexikon oder im Internet darüber, wie mit diesen Instrumenten gemessen wird. **http://www. wikipedia.de**

Radioaktive Strahlung bestimmt man mit einem Geigerzähler.

Als Forscher musst du dir für jede Messung ein geeignetes Messinstrument aussuchen. Oft musst du dir außerdem auch Gedanken machen, wie genau du die Messung durchführst.

Geeignete Messinstrumente finden

Um herauszufinden, welches Volumen in ein Wasserglas passt, füllst du zunächst ein Glas bis zum Rand mit Wasser. Dann schüttest du das Wasser aus dem Glas in einen Messzylinder und liest das Volumen ab. Das Volumen wird meistens in Milliliter oder in Liter angegeben. Untersuche, welches Volumen in verschiedene Gläser passt.

Wie misst du das Volumen eines Steins?

____

____

____

____

Ein Din-A4-Blatt hat die Maße 20 x 30 cm. Diese Angabe kannst du leicht mit einem Lineal überprüfen. Aber wie kannst du herausfinden, wie dick ein Blatt Papier ist? Vergleiche einmal verschiedene Papiersorten (z. B. die Blätter von einem Schreibblock, das Papier aus dem Drucker und das Kopierpapier aus der Schule). Sind diese Papiere unterschiedlich dick?

____

____

____

Wie viel wiegt ein Smartie?

Mit der Waage kannst du die Masse eines Körpers bestimmen. Die Masse wird meistens in Gramm oder Kilogramm angegeben. Eine Smartiesrolle hat laut Verpackungsangabe eine Masse von 175 g.
Überprüfe diese Angabe: Wiege verschiedene Smarties-Rollen und notiere ihr Gewicht. Haben alle Verpackungen die gleiche Masse? Wie viel leichter wird eine Rolle, wenn du zehn Smarties herausnimmst?

Wie viel wiegt ein Smartie?

Wiegen statt Zählen!

Du möchtest wissen, wie viele Schrauben in einer Schachtel sind, hast aber keine Lust, sie einzeln zu zählen. Wie kannst du mit Hilfe einer Waage das Problem lösen?

Maßeinheiten

Jeder misst mit seiner eigenen Elle

Übrigens:
In England wird auch heute noch teilweise in Inch (Zoll), Foot (Fuß), Yard und Meile gemessen.
Dass es trotzdem keine Missverständnisse gibt, liegt daran, dass man genau festgelegt hat, was diese Maße bedeuten und wie sie sich in die in anderen Ländern gebräuchlichen Maße umrechnen lassen:

1 Fuß =
0,30479 Meter

1 Meter =
3,28095 Fuß

1 Zoll =
2,54 Zentimeter

1 Zentimeter =
0,3937 Zoll

1 Meile =
1,609344 Kilometer

1 Kilometer =
0,6213712 Meilen

1 Yard =
0,9144 Meter

Früher spielte bei den Längenmaßen der menschliche Körper eine wichtige Rolle: Eine Elle ist der Abstand zwischen Hand und Ellenbogen, ein Fuß ist abgeleitet von der Länge eines Menschenfußes.

Wie lang sind deine eigene Elle und dein eigener Fuß? Wie lang sind Elle und Fuß deiner Eltern und Geschwister?

Aber wer misst schon heute noch in Ellen? Was meinst du: Weshalb wurde dieses Längenmaß durch das Messen mit Lineal und Maßband ersetzt?

Weil England im 18. Und im 19. Jahrhundert in der technischen Entwicklung führend war, wurden mit den Erfindungen auch die englischen Maße übernommen. Die Größe eines Fahrradreifens wird auch heute noch in Zoll angegeben.

Welchen Durchmesser hat ein Fahrradreifen von 26 Zoll? Fallen dir noch andere Beispiele aus deinem Alltag ein, wo die englischen Maße verwendet werden?

6 Lot Schokolade bitte

Wenn du heute 6 Lot Schokolade verlangst, wird man dich komisch ansehen. Früher hätte man dir, ohne zu zögern, etwa 100 Gramm Schokolade gegeben. Ähnlich wie es unterschiedliche Längenmaße gab, wurde auch das Gewicht früher in verschiedenen Einheiten gemessen. Auch heute gibt es noch besondere Gewichtsmaße – beispielsweise für Diamanten.

★ Finde heraus, wo und wann man die folgenden Gewichtsmaße benutzt hat und wie viel Gramm das jeweils sind:

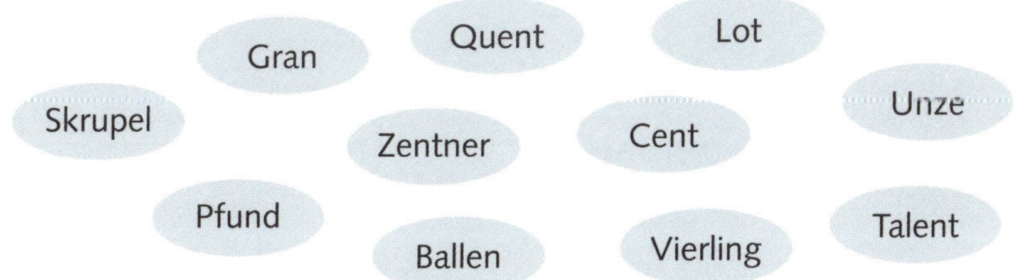

Viele alte Gewichtseinheiten findest du unter:
http://de.wikipedia.org
(Stichwort: Alte Maße und Gewichte)
oder bei
http://www.hug-technik.com/ inhalt/ta/sondereinheiten.html

Messen mit Samen

Schon vor Jahrtausenden benutzten die Menschen Samen als Gewichtseinheit. Sie hatten erkannt, dass die getrockneten Samen des Johannisbrotbaumes alle gleich schwer sind. Jeder wiegt ziemlich genau 0,2 Gramm. Daher wurden diese Samen als Gewichtseinheit für den Tausch und Verkauf von Waren benutzt. Auf Griechisch heißen die Samen Keration, daraus hat sich die heute noch gebräuchliche Bezeichnung Karat entwickelt. 1 Karat entspricht genau dem Gewicht eines Samens.

Weshalb eignen sich Getreidekörner oder Samen so gut als Vergleichsgewichte?

★ Wie viel Gramm wiegt ein Diamant, der beim Juwelier mit 1,5 Karat angeboten wird?

Als Forscher benutzt du für deine Messungen immer die gleichen Messinstrumente und Maßstäbe, um die Ergebnisse vergleichen zu können. Die Messwerte gibst du in solchen Maßeinheiten an, die für alle das gleiche bedeuten.

Maßeinheiten

Im Erbs-Land

Was würde ein Apfel wiegen? Wie viel Erbs würdest du selbst wiegen? Was würde dein Schulranzen wiegen, was ein Auto oder ein Elefant?

Bevor du anfängst umzurechnen, musst du erst mal wissen, was eine Erbse in unserem Maßsystem wiegt, also in Kilogramm oder Gramm.

Wenn du eine sehr empfindliche Waage zur Verfügung hast, wie sie in einer Apotheke oder in einem Labor benutzt wird, dann kannst du eine Erbse einzeln genau wiegen.

Erbse Nr.	Gewicht
1	0,29 g
2	
3	
4	
5	
Mittelwert	

Anzahl der Erbsen	
Gewicht aller Erbsen	
Gewicht einer Erbse	

Wenn du ein paar weitere Erbsen wiegst, wirst du feststellen, dass sich ihr Gewicht etwas unterscheidet. Du kannst du trotzdem festlegen, wie groß ein „Erbs" ist, indem du einfach eine größere Anzahl von Erbsen, z. B. 20, 50 oder 100 Erbsen wiegst. Du erhältst das Gewicht einer Erbse, indem du das Gesamtgewicht durch die Anzahl der Erbsen teilst.

Nun kannst du ausrechnen, wie viel Gramm 20 Erbs oder 1000 Erbs sind, und du kannst auch berechnen, wie viel Erbs ein Kilogramm hat.

Trage deine Ergebnisse in die Umrechnungstabelle ein!

Erbs	Gramm
1 Erbs	
10 Erbs	
100 Erbs	
1 Kilo-Erbs	
10 Kilo-Erbs	
100 Kilo-Erbs	
1 Mega-Erbs	
1 Giga-Erbs	

⭐ Wäre ein Erbs wohl auch bei uns eine sinnvolle Maßeinheit?

____

____

____

____

____

____

____

____

____

Wie viel Erbs wiegen:

ein Stück Würfelzucker	
eine Wäscheklammer	
eine Tafel Schokolade	
eine 1 Cent-Münze	
ein Stein	
ein Liter Wasser ?	

Wiegen ist eigentlich ein Zählen von Grundgewichten. Als Grundgewicht kannst du selbst ein geeignetes Gewicht, z.B. Samen oder Erbsen bestimmen. Wenn du deine Ergebnisse aber anderen Forschern mitteilen willst, dann musst du deine Messwerte in international üblichen Einheiten angeben. Dazu benutzt du „Gramm" (g) und „Kilogramm" (kg).

Maßeinheiten

Auch das kannst du mit Hilfe einer Waage herausfinden. Eine einfache Briefwaage kannst du leicht selbst bauen.

So baust du die Waage:

1. Schneide aus dem Karton ein Quadrat mit 10 cm Kantenlänge aus.

2. Zeichne die Diagonalen in das Quadrat ein.

3. Bohre mit dem Nagel oder der Heftzwecke je ein Loch in zwei gegenüberliegende Ecken des Kartons.

4. Bohre ein drittes Loch wie in der Abbildung oberhalb vom Mittelpunkt des Quadrates. Der Abstand zum Mittelpunkt ist etwa 1/3 der Strecke vom Mittelpunkt bis zur oberen Spitze.

5. Zieh einen ca. 30 cm langen Faden durch das mittlere Loch und knote ihn zu einer langen Schlaufe zusammen.

6. Befestige an jedem der übrigen Löcher einen Bindfaden von ca. 15 cm Länge. Knote an das Ende jeweils eine Büroklammer.

7. Wenn du diese Waage an einem Haken aufhängst, sollte das Quadrat gerade hängen und die obere Spitze etwa auf dem Aufhängefaden liegen. Wenn dein Quadrat schief hängt, befestige vorsichtig etwas Klebestreifen auf einer Seite der Pappe, bis das Quadrat im Gleichgewicht hängt.

Du brauchst:
- ein Stück Karton (10 cm x 10 cm, nicht zu dünn)
- ein Nagel oder eine Heftzwecke
- Büroklammern
- Klebestreifen
- Bleistift
- Geodreieck
- Schere

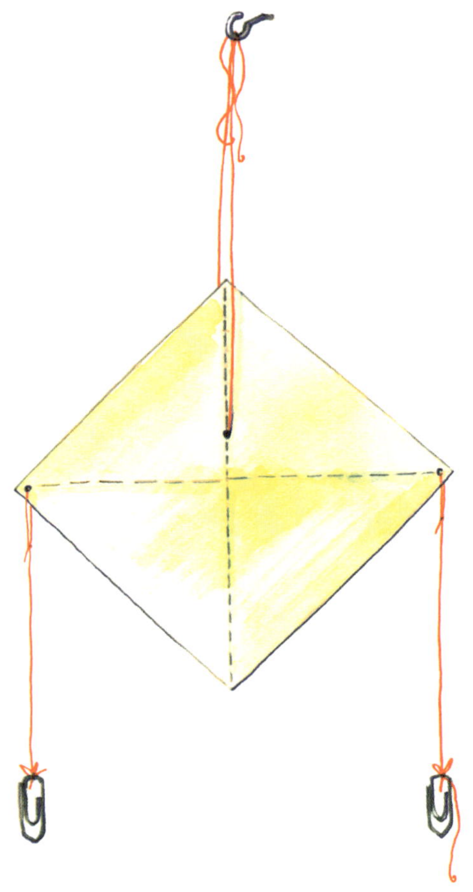

So benutzt du die Waage:

Wiege einen Brief aus: Ein Brief darf 20 g wiegen, damit man ihn mit dem normalen Briefporto verschicken kann. Die Waage muss also anzeigen, ob der Brief über oder unter 20g wiegt. Dazu brauchst du ein Vergleichsgewicht von 20 g. Du kannst z.B. ein 2 €-Stück und zwei 20 Cent-Münzen mit Klebestreifen zusammenkleben. Sie wiegen zusammen genau 20 g. Dieses Gewicht klebst du mit Klebestreifen an der einen Büroklammer fest. Wenn du dann einen Brief an die andere Büroklammer hängst, siehst du, ob der Brief mit dem normalen Porto verschickt werden kann oder ob er zu schwer ist.

Was könntest du tun, wenn du die Münzen nur geliehen bekommst und bald wieder zurückgeben musst?

____

____

____

Wie könntest du deine Waage eichen, so dass du das Gewicht der Briefe noch genauer angeben kannst?

____

____

____

Schätzen statt wiegen

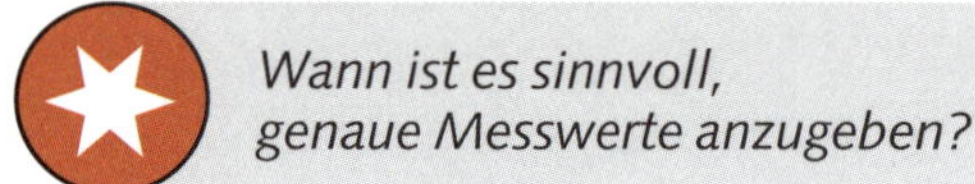

In einem Backrezept steht z. B. „nimm eine Messerspitze Backpulver", „drei Tassen Mehl", „eine Handvoll Rosinen" und eine Prise Safran. Ins Nudelwasser kommt „ein Esslöffel Salz", zum Füllen eines Aquariums braucht man „zwölf Eimer Wasser". Was bedeuten diese Mengenangaben in Gramm oder Kilogramm?

 Finde das ungefähre Gewicht durch Wiegen heraus.

Mengenangabe	Gewicht in Gramm
1 Messerspitze Backpulver	
3 Tassen Mehl	
1 Handvoll Rosinen	
1 Prise Safran	
1 Esslöffel Salz	
12 Eimer Wasser	

Wo die Hundertstel-Sekunde zählt

WM-Titel um 0,008 Sekunden verpasst! Von welchem WM-Wettkampf könnte diese Schlagzeile deiner Meinung nach stammen?
Bei sportlichen Wettkämpfen sind oft Hundertstel-Sekunden entscheidend für den Sieg. Deshalb werden Zeiten extrem genau gemessen.

Mit welcher Geschwindigkeit (km/h) muss ein Bobfahrer gefahren sein, der in 0,008 Sekunden 21 Zentimeter zurücklegt?

____

____

____

Was macht im Autorennen 1/100 Sekunde bei 250 km/h aus? Welche Strecke legt ein Rennfahrer dabei zurück?

____

____

____

Wie groß, wie schwer?

Auch wenn man sehr genau messen kann, macht es oft keinen Sinn, einen gemessenen Wert mit der größtmöglichen Genauigkeit anzugeben.

Welche Angabe hältst du bei den folgenden Beispielen für sinnvoll? Kreuze an.

Dominik ist ungefähr 1½ m groß.			Franziska wiegt knapp einen Zentner.	
Dominik ist 1,6 m groß.			Franziska wiegt ca. 45 kg.	
Dominik ist 1,58 m groß.			Franziska wiegt etwa 45½ kg.	
Dominik ist 1,582 m groß.			Franziska wiegt 45,4 kg.	
			Franziska wiegt 45,42 kg.	

Als Forscher musst du entscheiden, welche Genauigkeit jeweils für deine Untersuchung notwendig ist. Du lässt dich nicht von deinem Taschenrechner beeinflussen, wenn bei einer Berechnung eine Zahl mit 10 Dezimalstellen herauskommt, sondern du schätzt ab, wie genau die Messung eigentlich nur sein kann.

Messen wie ein Forscher:

Mit einem Messinstrument kannst du wichtige Informationen über deine Umwelt herausfinden. Schreibe auf, worauf du beim Messen achten musst, indem du die folgenden Fragen beantwortest.

Welche Messinstrumente kennst du?
Was wird mit den Messinstrumenten, die du kennst, gemessen?
Wie kannst du deine Messwerte mit anderen Messwerten vergleichen?
Wie genau gibst du einen Messwert an?

Du findest hier einige Stichwörter, die dir dabei helfen können.

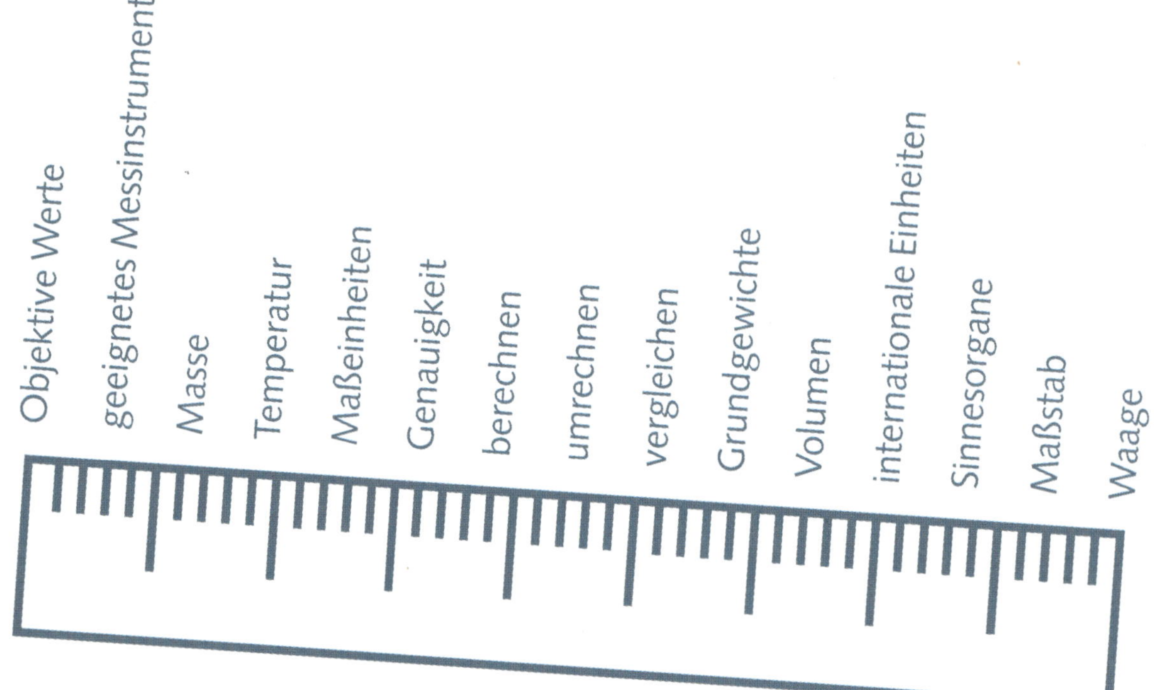

Messen bedeutet für mich:

3 | Ordnen

Was ist gleich und was ist verschieden an den Schneckenhäusern auf dem Foto? Wenn du Dinge nach ähnlichen und unterschiedlichen Merkmalen sortierst, erhältst du eine Ordnung. Auch ein Forscher sorgt für Ordnung. Beim Sammeln, Vergleichen und Sortieren lernt er Pflanzen, Tiere oder Mineralien gut kennen. Er fasst z. B. Pflanzen mit gleichen Merkmalen in einer Gruppe zusammen und bildet so ein Ordnungssystem. Ein solches Ordnungssystem hilft einem Forscher, neue Beobachtungen zu verstehen und zu interpretieren. Manchmal kann er sogar Vorhersagen treffen.

Du erfährst in diesem Kapitel, wie ein Forscher Dinge ordnet und zu welchem Zweck er sie tut. Du lernst verschiedene Ordnungssysteme kennen und bekommst Tipps, nach welchen Kriterien geordnet werden kann.

Ordnen im Alltag

Allein zuhaus

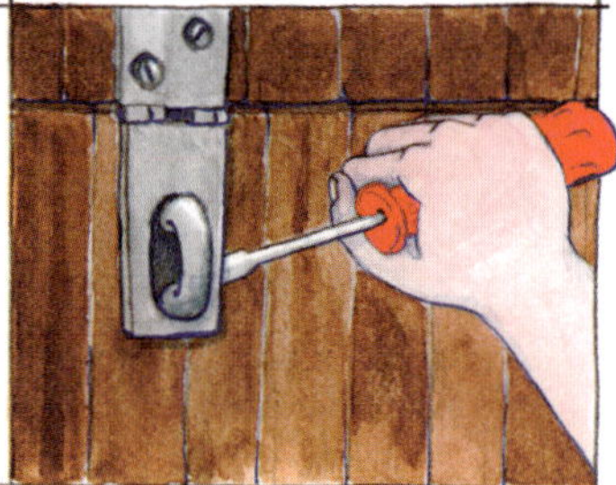

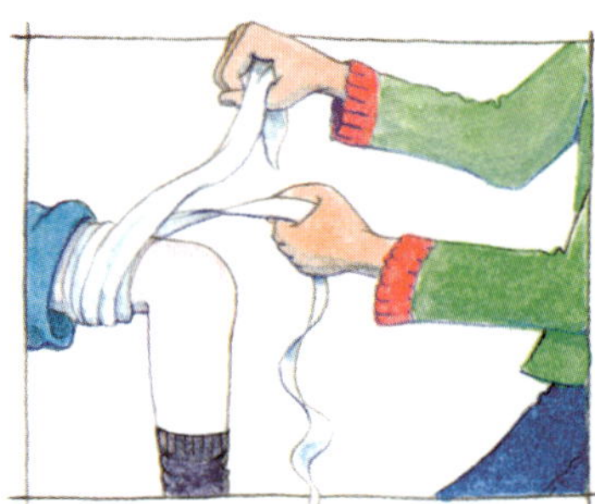

Die Erwachsenen sagen oft „Ordnung ist das halbe Leben". Wenn du dein Zimmer aufräumen sollst, leuchtet dir das vielleicht nicht so ein. Aber wie die Geschichte von Kevin und Philipp zeigt, kann Ordnung manchmal recht nützlich sein. Aber um was für eine Art von Ordnung geht es hier? Ordnung heißt hier nicht, dass es sauber und ordentlich aussieht, sondern dass die Dinge ihren bestimmten Platz haben.

 Wo hättest du an Philipps Stelle nach Verbandszeug gesucht?

 Küche, Bad, Schlafzimmer, Wohnzimmer – Wohnungen folgen einem bestimmten Ordnungsmuster. Kennst du Ausnahmen?

Überlege:
Ordnungen findest du in vielen Bereichen in deinem Alltag, zum Beispiel im Kaufhaus, in der Bücherei oder im Zoo. Suche nach weiteren Beispielen für Ordnungen. Nach welchen Kriterien wird jeweils geordnet?

Chaotische Ordnung

Nach welchen Kriterien würdest du die Ersatzteile in einem Lager sortieren?

Wenn ein Autohersteller 45.000 Teile auf Lager haben muss, damit er seinen Kunden jedes gewünschte Ersatzteil schnell liefern kann, dann stellt sich die Frage, wie man all diese Teile sortiert. Manche sind winzig klein, z. B. spezielle Schrauben oder Muttern, andere, z. B. Teile der Achse, sind groß und schwer. Es würde keinen Sinn machen, diese Teile nach dem Alphabet oder nach Zusammengehörigkeit zu ordnen, denn dann kämen vielleicht sehr große und ganz kleine Teile nebeneinander in ein Regal – für die einen wäre der Platz viel zu groß, für die anderen vielleicht zu klein. Stattdessen werden die Teile nach Größe und Nachfrage angeordnet. Manche Teile lagern in Boxen und Containern und werden meist sogar mit automatischen Greifern geholt.

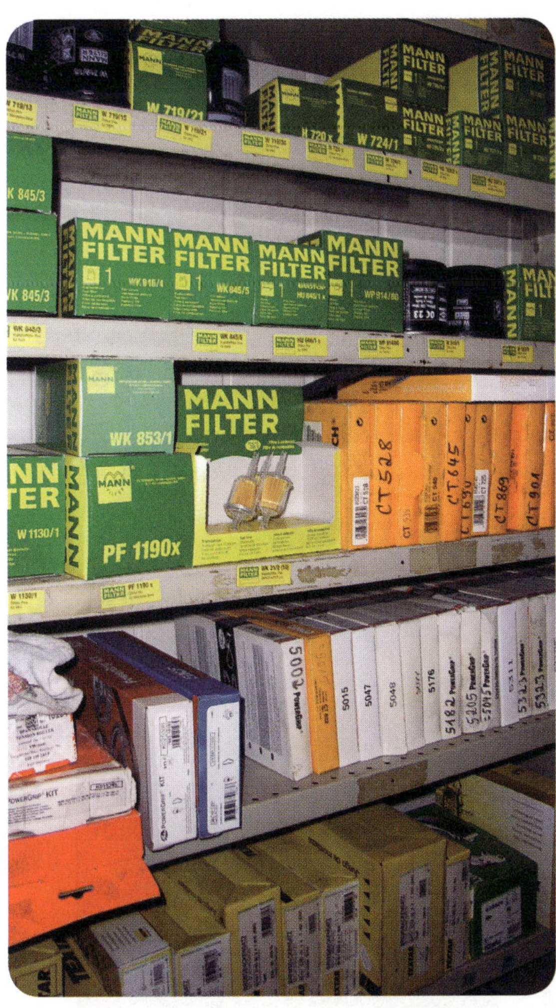

Als Forscher weißt du, dass es sehr unterschiedliche Möglichkeiten gibt, die Gegenstände eines Bereichs zu ordnen. Bei Auflistungen ist eine Ordnung nach dem Alphabet meist nützlich und praktisch.

Ordnen im Alltag

Ordnung in der Apotheke

Übrigens:
Der Begriff „apotheca" bezeichnete ursprünglich ein Depot, einen Lagerplatz für Güter unterschiedlichster Art wie z.B. Wein. Erst ab ca. 1250 setzte sich die Bezeichnung im deutschsprachigen Raum für pharmazeutische Einrichtungen durch. Die ältesten Apotheken auf deutschen Böden befanden sich in Klöstern.

Der Apotheker hatte eine unruhige Nacht. ... Da er sowieso nicht richtig schlafen konnte, stand er auf, zog sich mehr oder weniger vollständig an und ging hinüber zu seiner Apotheke ...

Alles ... war an seinem Platz – ohne lange zu überlegen, konnte er alles sofort finden. Sogar im Stockdunkeln wäre ich in der Lage, Kunden zu bedienen, dachte er bei sich. Aus einer Laune heraus holte er in völliger Dunkelheit die letzten 10 Rezepte des vergangenen Tages aus den verschiedenen Schubladen und stellte sie auf das Pult. Wie er nicht anders erwartete hatte, machte es ihm keine Schwierigkeiten, sich im Dunkeln zurecht zu finden, und noch bevor er das Licht aufdrehte, war er sich sicher, das er alle Medikamente richtig gefunden hatte. Als er dann Licht machte, erhielt er lediglich seine erwartete Bestätigung.

Nach: http://www.zimprich.com/

In alten Zeiten gab es sehr unterschiedliche Ordnungsprinzipien in Apotheken. Meistens wurde geordnet nach pflanzlichen Stoffen und Tierprodukten, außerdem nach Mineralstoffen und in den einzelnen Gruppen häufig nach dem Alphabet.

Erkundige dich in deiner Apotheke, wie heute Medikamente geordnet sind. Mach dir Notizen! Wie sucht der Apotheker nach einem Medikament gegen eine bestimmte Krankheit, dessen Namen er nicht kennt?

Die Welt im Orbis Pictus

Findest du so ein Prinzip zur Ordnung der Welt praktisch?

Der Orbis Pictus ist eine Art Lexikon für Kinder. Wie dort Begriffe geordnet sind, zeigt die Abbildung aus einer Ausgabe von 1838. Dargestellt sind Bilder von Tieren, Pflanzen und Gegenständen aus dem Alltag der Menschen damals. Die Abbildung zeigt zwei Seiten aus dem Orbis Pictus.

13

19

Benenne alle Gegenstände, die du erkennst! Wonach ist hier geordnet?
Nach welchen anderen Merkmalen kannst du die abgebildeten Dinge ordnen?

Übrigens:
Wenn du in einem Sachbuch etwas nachschlagen möchtest, dann kannst du entweder vorne im Inhaltsverzeichnis suchen oder am Ende des Buches im Stichwortverzeichnis. Teste deine Schulbücher in verschiedenen Fächern!
Wie unterscheidet sich die Ordnung von Inhaltsverzeichnis und Stichwortverzeichnis?

Als Forscher weißt du, dass es in vielen Lebensbereichen Ordnungen gibt, die im Lauf der Zeit von Menschen entwickelt worden sind und sich bewährt haben. Wenn du etwas schnell finden willst, ist es nützlich zu überlegen, wonach dieser Bereich geordnet sein könnte.

Ordnen, aber wie?

Ordne die abgebildeten Tiere nach verschiedenen Merkmalen und gib den Gruppen jeweils beschreibende Namen.

Mit drei Fragen am Ziel?

Du kennst sicher das Fragespiel „Beruferaten". Dabei müssen die Mitspieler mit möglichst wenigen Fragen, die nur mit ja oder nein beantwortet werden dürfen, herausbekommen, welchen Beruf eine Person hat. Versuche mit der gleichen Methode herauszufinden, welches Tier sich dein Mitspieler oder Tischnachbar ausgesucht hat. Notiere deine Fragen!

Wie viele Fragen brauchst du mindestens? Wie viele Fragen brauchst du, wenn du z. B. fragst „Hat das Tier Beine? oder „Hat das Tier ein Fell?". Bist du schneller am Ziel, wenn du danach fragst, ob das Tier zu den Säugetieren gehört oder nicht, ob es ein Insekt ist oder nicht?

Verwandte Pflanzen

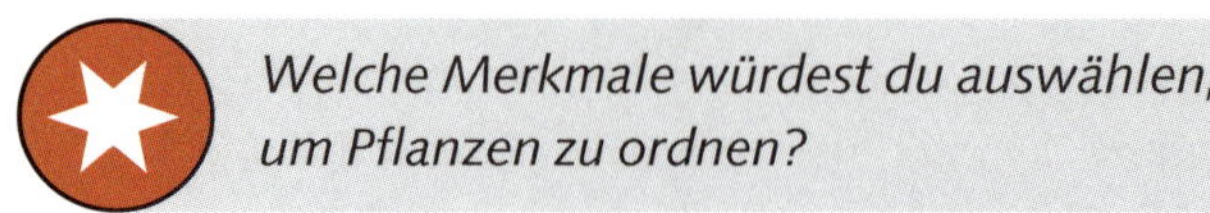

*Welche Merkmale würdest du auswählen,
um Pflanzen zu ordnen?*

Übrigens:
Ähnliche Verwandtschaften gibt es auch bei Tieren. Finde selbst heraus, wie nahe Hund und Katze verwandt sind. Informationen dazu findest du in deinem Biologieschulbuch oder im Internet auf der Seite **http://www. das-tierlexikon.de/ raubtiere.html**

Der schwedische Arzt und Naturforscher Carl von Linné (1707-1778) ordnete Pflanzen und Tiere nach bestimmten Merkmalen. Dazu untersuchte er alle bekannten Lebewesen so genau wie möglich und fertigte Beschreibungen und Zeichnungen an. Dann ordnete er die Pflanzen und Tiere in einem „System der abgestuften Ähnlichkeiten".

Pflanzen, die sich sehr ähnlich sind (ähnliche Blätter, Blütenformen, gleiche Vermehrungsweise, Früchte oder Samen), wurden von ihm zu einer Art zusammengefasst. Aus ähnlichen Arten bildete er Pflanzengattungen und –familien.

Dass er dabei das Wort „Familie" verwendete, zeigt, dass er sich eine Art Verwandtschaft zwischen den Pflanzen vorstellte.

Hundskamille, Echte Kamille , Löwenzahn und Gänseblümchen gehören zu einer Familie Wie sie nach dem System Carl von Linnés miteinander verwandt sind, zeigt das abgebildete Schema (auf der rechten Seite).

Suche nach anderen Pflanzenarten, die sich sehr ähnlich sehen. Finde mit Hilfe eines Pflanzenführers heraus, ob sie zu einer Familie gehören.

Was ist der Nutzen von einer solchen systematischen Ordnung?
Wenn Forscher eine neue Pflanzenart entdecken und feststellen wollen, mit welchen anderen Pflanze sie verwandt ist, gehen sie systematisch vor, das heißt: Sie bestimmen zunächst zu welcher Familie die Pflanze vermutlich gehört. Zusammen mit weiteren Merkmalen (wie Blattstellung und -form, Blütenfarbe oder Früchte) kann man dann die Gattung bestimmen und die neue Art zwischen bekannten Arten einordnen.

Reich	Pflanzenreich			
Abteilung	Samenpflanzen			
Klasse	Zweikeimblättrige			
Ordnung:	Glockenblumenartige			
Familie	Korbblütler			
Gattung	Anthemis	Matricaria	Bellis	Taraxacum
Art	Hundskamille *Anthemis tinctoria*	Echte Kamille *Matricaria chamomilla*	Gänseblümchen *Bellis perennis*	Löwenzahn *Taraxacum officinale*

Als Forscher kennst du den Nutzen von Ordnungssystemen, bei denen Dinge nach Ähnlichkeit geordnet werden. Wenn du eine oder mehrere Eigenschaften einer Pflanze oder eines Tieres kennst, kannst du sie oder es einordnen und daraus weitere Informationen gewinnen.

Bestimmungsschlüssel

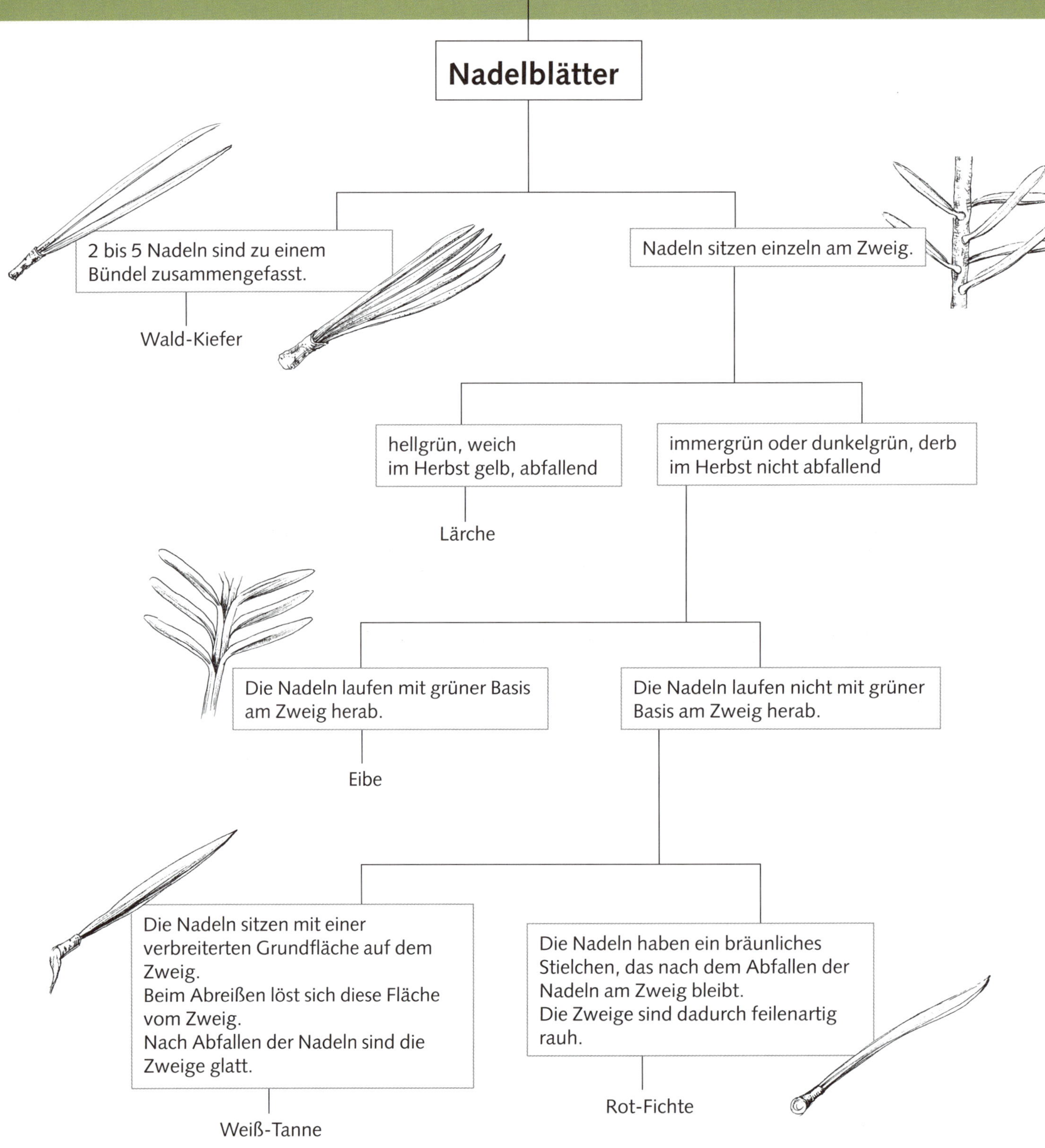

Pflanzen bestimmen

Mit einem Bestimmungsschlüssel kannst du herausfinden, wie eine Pflanze heißt. In so einem Schlüssel sind Merkmale festgehalten, die zur Unterscheidung von Pflanzen dienen. Hiermit lassen sich Pflanzenarten und Gattungen bestimmen.

Finde heraus, um welchen Nadelbaum es sich handelt.

1

2

3

4

1. Rot-Fichte, 2. Wald-kiefer, 3. Weiß-Tanne, 4. Eibe

Eigenschaften helfen Ordnen

Stoffen auf der Spur

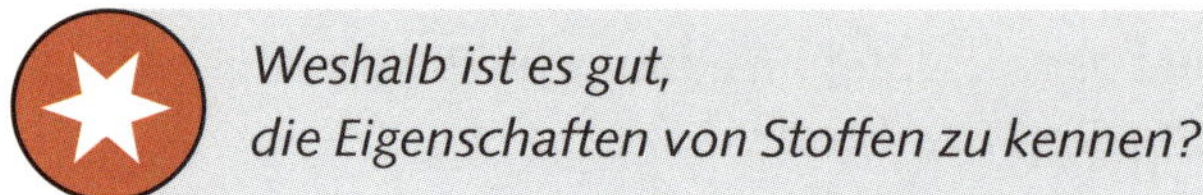

Bestimmt hast du schon einmal heißen Tee aus einer Metalltasse getrunken und weißt, dass man sich dabei leicht die Lippen verbrennen kann, weil Metalle die Wärme sehr gut leiten. Auch in vielen anderen Bereichen ist es wichtig, die Eigenschaften von Stoffen zu kennen: Wenn ein Haus gebaut wird, dann muss man wissen, ob die Baumaterialien brennbar sind oder nicht, ob sie gut isolieren, ob sie vom Regen angegriffen werden und wie stark sie belastet werden können oder ob sie den elektrischen Strom leiten.
Es gibt auch technische Geräte, die die unterschiedlichen Eigenschaften von Materialien ausnützen: Fahrkartenautomaten oder Getränkeautomaten prüfen nicht nur die Größe und das Gewicht von Münzen, sondern oft auch die magnetischen Eigenschaften.

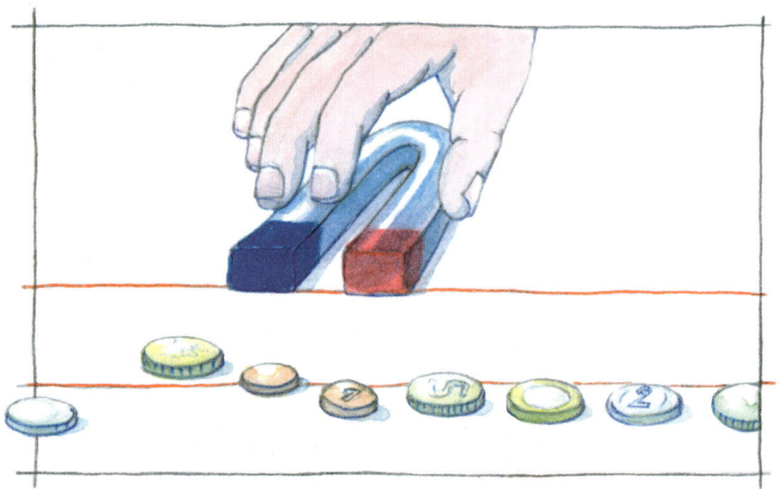

Überprüfe selbst, wie unterschiedlich stark Münzen von einem Magneten angezogen werden. Du brauchst dazu einen kleinen Magneten und verschiedene Münzen. Vielleicht habt ihr zu Hause auch noch Münzen aus anderen Ländern, die du testen kannst.

Gesucht wird: Der Stoffsteckbrief

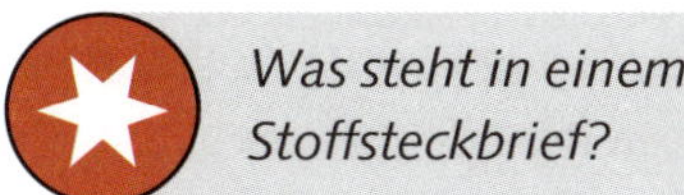 *Was steht in einem Stoffsteckbrief?*

In einem Stoffsteckbrief sind wichtige Eigenschaften eines Stoffes übersichtlich darge-stellt. Du kannst zum Beispiel das Aussehen und den Geruch eines Stoffes beschreiben: Außerdem kannst du danach fragen, ob ein Stoff

- den elektrischen Strom leitet oder nicht.
- die Wärme leitet oder nicht.
- brennbar ist oder nicht.
- sich in Wasser auflösen lässt oder nicht.
- auf dem Wasser schwimmt oder untergeht.
- von einem Magneten angezogen wird oder nicht.

Welche Eigenschaften eines Stoffes kannst du noch untersuchen? Wie kannst du weitere Stoff-eigenschaften untersuchen?

Eisen

Aussehen: _______________

Geruch: _______________

Härte: _______________

Verformbarkeit: _______________

Schmelztemperatur: _______________

Siedetemperatur: _______________

Löslichkeit in Wasser: _______________

Elektrische Leitfähigkeit: _______________

Wärmeleitfähigkeit: _______________

Magnetismus: _______________

Leiter oder Nichtleiter

Mithilfe einer Taschenlampe, einem kleinen Lämpchen mit Fassung und mehreren Stücken Klingeldraht kannst du leicht herausfinden, ob ein Stoff den elektrischen Strom leitet oder nicht.

 Überprüfe, ob folgende Materialien den elektrischen Strom leiten. Kreuze an:

Stromleiter	ja	nein
Bleistift		
Stoffstreifen		
Gummiband		
Münze		
Nagel		
Aststück		

Eigenschaften helfen Ordnen

Stoffe ordnen

 *Erstelle einen Steckbrief von den Stoffen, die du kennst: Überlege dir, welche Stoffeigenschaften du untersuchen möchtest und wie du sie untersuchen kannst.*

 Führe alle Untersuchungen durch und notiere deine Ergebnisse, z. B. in einer Tabelle.

Stoffeigenschaften	Eisen	Kreide	…
Aussehen (z.B. Farbe, Oberfläche)	Graue Farbe, glatte, glänzende Oberfläche	Weiße Farbe, stumpfe, matte Oberfläche	…
Geruch	geruchslos	geruchslos	…
Elektrische Leitfähigkeit	leitfähig	nicht leitfähig	…
Wärmeleitfähigkeit	gut	schlecht	…
Brennbarkeit	glüht	…	…
Löslichkeit in Wasser	nicht löslich	…	…
Verhalten gegenüber einem Magneten	wird angezogen	…	…
Verhalten in Wasser	sinkt in Wasser	…	…
…	…	…	…
…	…	…	…
…	…	…	…
…	…	…	…

Notiere alle Eigenschaften auf einer Karteikarte. Verwende dabei verschiedenfarbige Karteikarten für unterschiedliche Stoffe, nimm zum Beispiel eine Farbe für Metalle, eine Farbe für kristallförmige Stoffe, eine andere Farbe für flüssige Stoffe u.s.w. Suche außerdem zu jedem Stoff ein Bild, entweder von dem Stoff selbst oder von einem Gegenstand, der aus dem Stoff hergestellt wurde.

Informationen über Stoffe findest du auch im Internet, z. B. unter **www.seilnacht.com/ Lexikon/Lexikon.html**

 Nach welchen Merkmalen können Stoffe noch geordnet werden? Überlege dir eigene Ordnungskriterien. Du erhälst so ein Ordnungssystem, in das du jederzeit neue Stoffe einsortieren kannst.

Ergänze den Steckbrief mit Eigenschaften aus dem Chemiebuch oder aus einem Lexikon. Dort findest du zum Beispiel genaue Angaben zur Löslichkeit eines Stoffes in Wasser oder zu seiner Dichte: Je größer die Dichte eines Stoffes ist, umso schneller sinkt er in einem Gefäß mit Wasser, Stoffe, deren Dichte kleiner ist als die Dichte von Wasser schwimmen dagegen auf der Wasseroberfläche. Wichtige Stoffeigenschaften sind außerdem der Siedepunkt und die Schmelztemperatur eines Stoffes.

Übrigens:
Im Chemielexikon wird die Löslichkeit eines Stoffes in Gramm pro Liter und die Dichte in Gramm pro Kubikzentimeter angegeben.

Als Forscher weißt du, dass Gegenstände nicht nur nach einer einzigen Eigenschaft geordnet werden können, sondern dass ganz unterschiedliche Merkmale dazu genutzt werden können. Je nach Bedarf schaltest auch du bei der Ordnung von Dingen, Stoffen, Lebewesen oder Vorgängen zwischen verschiedenen Kriterien um.

Stoffe-Quartett

Ein Autoquartett hat jeder. Wenn du ein Stoffe-Quartett entwirfst, hast du etwas ganz Besonderes. Überlege dir zu jeder Gruppe weitere Spielkarten. Informationen zu den Stoffen findest du im Internet unter www.seilnacht.com/Lexikon/Lexikon.htm oder in einem Lexikon.

So wird gespielt:

Ihr könnt das Kartenspiel nach Quartettregeln oder nach Trumpfregeln spielen.

Quartett-Regeln (3–4 Spieler)
1. Alle Karten werden gemischt und aufgeteilt.
2. Der links vom Geber sitzende Spieler beginnt. Er fragt einen Mitspieler nach einer Karte, die er zur Bildung eines Quartetts sucht.
3. Besitzt der gefragte Spieler die Karte, muss er sie abgeben. Der andere Spieler darf so lange weiterfragen, bis der Gefragte die gesuchte Karte nicht besitzt.
4. Gewinner ist, wer am Ende des Spiels die meisten Quartette besitzt.

Trumpf-Regeln (2–4 Spieler)
1. Alle Karten werden gemischt und aufgeteilt.
2. Jeder Spieler nimmt seine Karten als geschlossenes Paket so in die Hand, dass er nur die oberste Karte sehen kann.
3. Der links vom Geber sitzende Spieler beginnt. Er wählt eine der Stoffeigenschaften auf der obersten Karte und liest diese laut vor. Die anderen Spieler vergleichen den Wert mit der gleichen Stoffeigenschaft auf ihrer Karte.
4. Der Spieler mit dem höchsten Wert gewinnt alle Karten und ist als nächster mit Fragen an der Reihe.
5. Haben zwei Spieler gleich hohe Werte, wird eine andere Eigenschaft auf der Karte ausgesucht und verglichen.
6. Gewinner ist, wer am Ende die meisten Karten besitzt.

Übrigens:
Weitere Spielkarten und Vorlagen für eigene Spielkarten findest du im Teil LÖSUNGEN auf S. 157 ff.

Ordnen wie ein Forscher:

Ordnen hilft beim Denken, Vergleichen und Suchen!
Begründe deine Behauptung, indem du die folgenden Fragen beantwortest.

Was wird geordnet?
Welche Dinge werden geordnet?

Wozu wird geordnet?
Welchen Nutzen hat Ordnung?
Mit welcher Absicht wird geordnet?

Wie wird geordnet?
Nach welchen Merkmalen wird geordnet?
Wie findest du Ordnungsmerkmale?

Diese Begriffe sollen dir bei der Beantwortung der Fragen helfen.

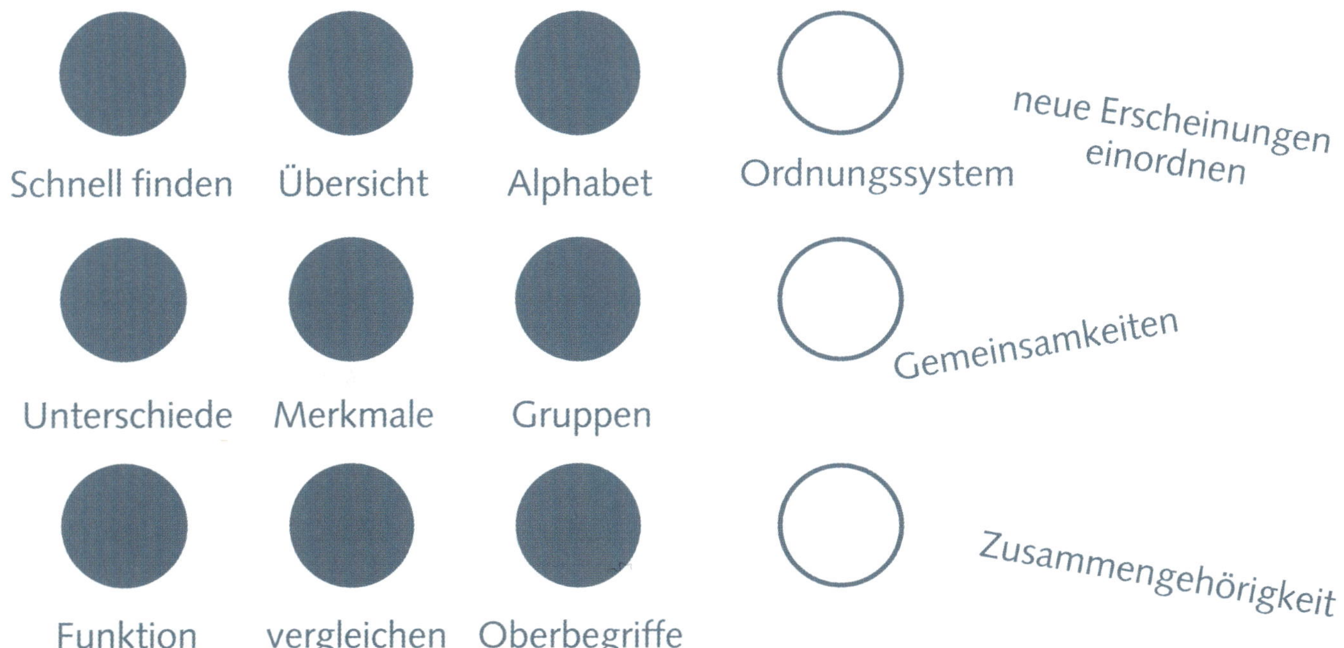

Ordnen bedeutet für mich:

4 | Experimentieren

Eine Blüte, die zur Hälfte weiß und zur Hälfte blau ist, gibt es in der Natur nicht. Das Foto zeigt das Ergebnis eines Experiments. Was wurde wohl untersucht?

Ein Forscher führt Experimente durch, um etwas über die Gesetzmäßigkeiten der Natur herauszufinden. Er überlegt sich zunächst eine Frage und macht sich dann einen genauen Plan, nach dem er vorgehen will. Wie er vorgegangen ist und was dabei herausgekommen ist, hält er in Protokollen fest.

In diesem Kapitel lernst du, wie du ein Experiment planst, wie du es durchführst und wie du deine Arbeit sinnvoll protokollierst.

Was ist ein Experiment?

Rechtspföter oder Linkspföter?

Tina ist beim Spielen mit ihrer Katze Jule aufgefallen, dass Jule sehr oft mit der rechten Pfote zuerst nach etwas schnappt. Sie fragt sich: „Gibt es etwa bei Katzen Rechts- und Linkspföter, so wie es bei den Menschen Rechts- und Linkshänder gibt? Ist Jule möglicherweise ein Rechtspföter?"

Wie könnte Tina ihre Vermutung überprüfen?
Wie würdest du an ihrer Stelle vorgehen?

Tina hat folgende Idee:
Wenn ihre Katze ein Rechtspföter wäre, müsste sie alles, was Tina ihr hinlegt, häufiger mit der rechten Pfote als mit der linken Pfote schnappen.
Tina denkt sich: „Ich könnte einen Ball nehmen, ihn hinter meinem Rücken verstecken und Jule vorlegen. Dann kann ich beobachteten, mit welcher Pfote die Katze zuerst zugreift." Tina fällt ein, dass sie auch darauf achten muss, Jule den Ball so hinzulegen, dass die Katze mit beiden Pfoten gleich gut an den Ball kommt. Und natürlich muss sie den Versuch mehrmals wiederholen. Damit sie dabei nicht alles im Kopf behalten muss, will sie die Ergebnisse in eine Strichliste eintragen.
Tina sucht alles zusammen, was sie braucht: Einen Tennisball, ein Blatt Papier und einen Stift. Und los geht's. Während sie Jule den Ball immer wieder vorlegt, stellt Tina fest, dass die Katze manchmal auch mit beiden Pfoten gleichzeitig auf den Ball zugreift. Das hatte sie vorher nicht bedacht. Aber auch das notiert Tina jetzt in ihrer Liste.

Nach etwa 10 Versuchen ergibt sich folgendes Ergebnis:

Tina kommt zu dem Schluss, dass Jule wohl doch kein Rechtspföter ist. Aber heißt das auch, dass es bei Katzen keine Rechts- und Linkspföter gibt? Was müsste Tina tun, um auch diese Frage zu klären?

Tina als Naturforscherin

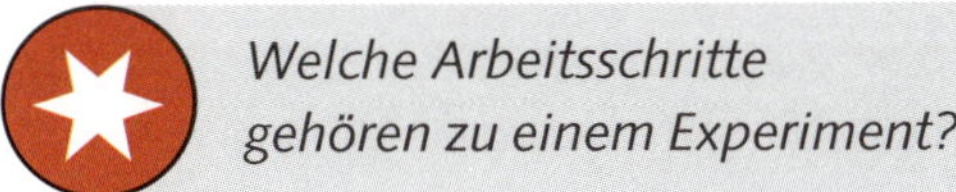

Welche Arbeitsschritte gehören zu einem Experiment?

Tina hat mit ihrer Katze genauso gearbeitet, wie es die Forscher tun. Sie hat ein Experiment geplant und durchgeführt. Dabei ist sie in einer bestimmten Reihenfolge vorgegangen.

1. Tina hat beobachtet, dass ihre Katze beim Spielen oft mit der rechten Pfote nach einem Gegenstand greift.

2. Sie fragte sich, ob es bei Katzen Rechtspföter und Linkspföter gibt.

3. Sie vermutete, dass ihre Katze ein Rechtspföter ist.

4. Sie überlegte, mit welchem Versuch sie die Frage beantworten könnte, wie sie bei der Durchführung des Versuchs vorgehen muss und welche Materialien sie braucht.

5. Tina hat ihrer Katze mehrmals hintereinander einen Ball hingehalten und beobachtet, ob die Katze mit der linken oder mit der rechten Pfote danach greift. Sie hat alle Beobachtungen in einer Strichliste festgehalten.

6. Tina hat die Strichliste ausgewertet und ist zu dem Schluss gekommen, dass ihre Katze kein Rechtspföter ist.

 Schreibe die unten stehenden Begriffe in der richtigen Reihenfolge in die Kästchen.

Vermutung   Frage   Experiment planen

Beobachtung   Beobachtung + Ergebnisse aufschreiben

Experiment durchführen   Auswertung

1.

2.

3.

4.

5.

6.

Wenn du als Forscher ein Experiment durchführst, gehst du immer in der gleichen Reihenfolge vor: Du planst einen Versuch, um damit eine Frage zu beantworten, du führst den Versuch durch und wertest zum Schluss die Versuchsergebnisse aus.

Das Geheimnis der Tulpen

Kann es sein, dass Tulpen in der Vase noch weiter wachsen?
Dies kannst du mit einem geeigneten Experiment herausfinden.

Felix ist mit seinen Eltern zum Geburtstag eingeladen. Seine Tante hat sich sehr über den mitgebrachten Blumenstrauß gefreut.

„Die Tulpen muss ich übermorgen dann etwas mehr zurückschneiden. Die wachsen ja noch in der Vase." sagt sie.

Felix ist verwirrt. Er hatte bis jetzt gedacht, dass alle Pflanzen, die man von ihren Wurzeln oder Knollen abschneidet, tot sind, auch Schnittblumen.

Kann es sein, dass sie trotzdem noch wachsen? Er nimmt sich vor, den nächsten Tulpenstrauß, der zuhause auf den Tisch kommt, genau zu beobachten.

Aber dann kommen ihm Zweifel, ob er seinen Augen trauen kann.

Was ist, wenn die Tulpen nur ganz wenig größer werden? Was ist, wenn die anderen Blumen schneller welken?Er fragt sich, ob er sich vielleicht täuschen lassen würde, weil er etwas Bestimmtes sehen will?

Schließlich will Felix es genau wissen. Er plant deshalb ein Experiment:
* Ich könnte eine Tulpe jeden Tag fotografieren.
* Ich könnte eine Tulpe jeden Tag messen.

Wenn die Tulpe wachsen würde, müsste sie auch schwerer werden:
* Ich könnte eine Tulpe jeden Tag wiegen.

Welches Experiment würdest du an Felix Stelle durchführen?

Außerdem geht ihm noch eine Frage durch den Kopf: Braucht so eine Tulpe eigentlich Wasser, wenn sie abgeschnitten weiter wachsen soll?

Wenn du neugierig geworden bist, was es mit den Tulpen auf sich hat, dann plane doch selbst ein Experiment.

Überlege:

Was brauchst du für das Experiment?

____

____

Wie willst du die Veränderungen feststellen?

____

____

Wie willst du die Veränderungen notieren?

____

____

Welches Ergebnis erwartest du?

____

____

Falls die Tulpe wirklich größer wird: Wie kannst du überprüfen, ob das Wasser etwas damit zu tun hat?

____

____

Als Forscher überlegst du genau, wie du ein Experiment durchführst, welche Materialien du dazu brauchst und wie du deine Beobachtungen notierst. Du machst dir außerdem Gedanken, wie das Experiment ausgehen könnte.

Experimente planen

Auf die Idee kommt es an

*Wie fängst du an,
wenn du einen Versuch planst?*

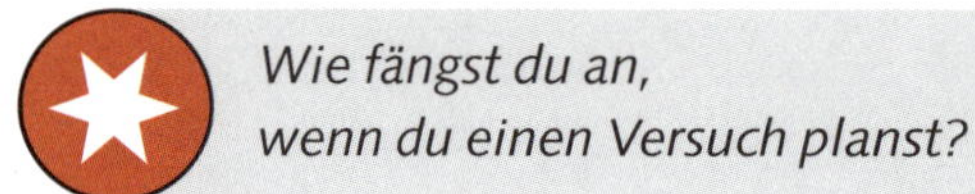

Im Winter zieht man einen dicken Wollpulli gegen die Kälte an. Im Sommer trägt aber niemand ein T-Shirt aus Wolle. Vielleicht hast du dich schon einmal gefragt, was eigentlich das Besondere an Wolle ist. Ist Wolle ein Material, das Dinge warm macht?
Um ein Experiment zu planen, das diese Frage klärt, braucht man als erstes eine gute Idee. Oft hilft es weiter, wenn man sich eine „Was wäre, wenn" – Frage stellt wie zum Beispiel:

Was wäre, wenn Wolle ein Material wäre, das Dinge warm macht?

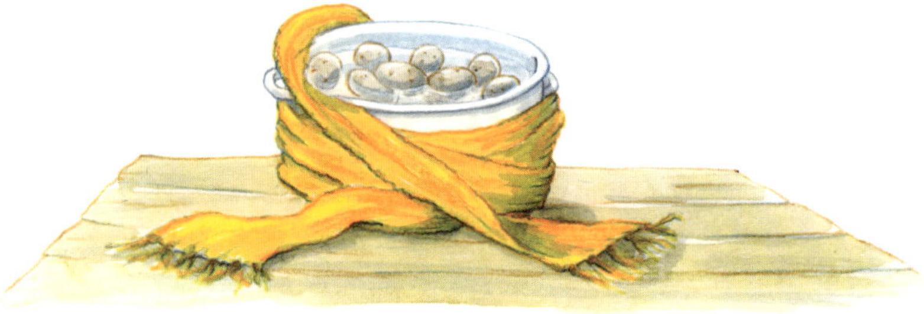

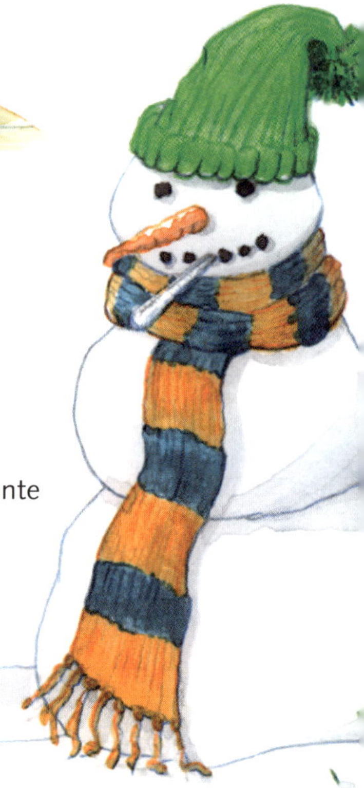

Wenn Wolle ein Material wäre, das warm macht, …
… dann könnte man das mit einem Thermometer messen.
… dann könnte man mit Wolle etwas warm machen.
… dann würde ein in Wolle eingewickelter Gegenstand warm, aber in ein anderes Material eingewickelt nicht.

Suche nach weiteren Ideen und überlege dir, wie Experimente aussehen könnten, mit denen man sie überprüfen könnte.

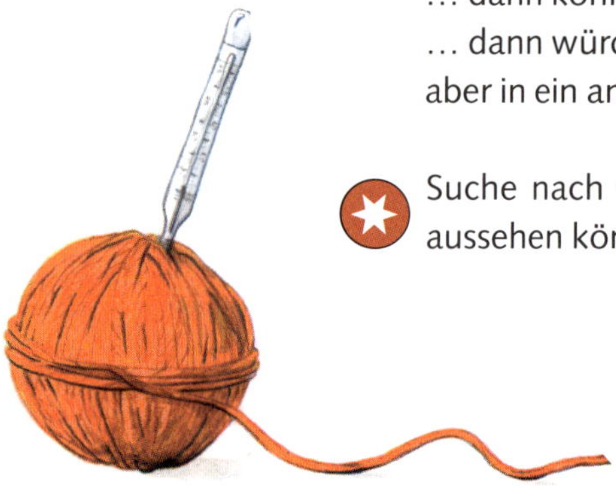

Eine Antwort und viele neue Fragen

Macht Wolle warm?
Überprüfe die folgende Idee mithilfe des beschriebenen Experiments.

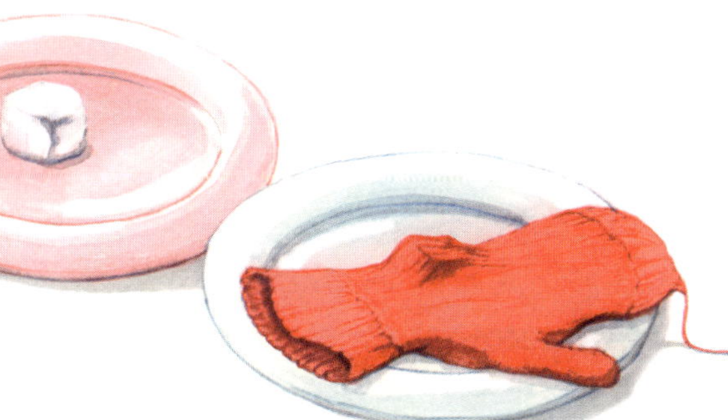

Die Idee:
Wenn Wolle warm macht, dann müsste ein in Wolle eingewickelter Eiswürfel schneller schmelzen als ein Eiswürfel, der nicht eingewickelt ist.

So gehst du vor:
- Lege einen der beiden Eiswürfel auf einen der beiden Teller.
- Stecke den anderen Eiswürfel in den Wollhandschuh und lege den Wollhandschuh mit dem Eiswürfel auf den anderen Teller.
- Stelle beide Teller an einen etwa gleich warmen Ort und beobachte.

Du brauchst:
- Zwei Eiswürfel
- zwei Teller
- 1 Wollhandschuh

Das Ergebnis des Versuchs wirft viele neue Fragen auf. Macht Wolle gar nicht warm? Weshalb tragen wir dann aber im Winter einen Wollpulli? Hast du eine Vermutung? Mit welchem neuen Experiment könntest du deine Vermutung bestätigen?

Wenn du ein Forschungsexperiment planst, formulierst du zuerst eine Frage, die du mit deinem Experiment beantworten willst. Du überlegst dann, wie diese Frage beantwortet werden könnte und was das Experiment zeigen soll.
Oft ist es so, dass ein Experiment zwar eine Frage beantwortet, aber auch viele neue Fragen aufwirft.

Experimente auswerten

Farbvergleich

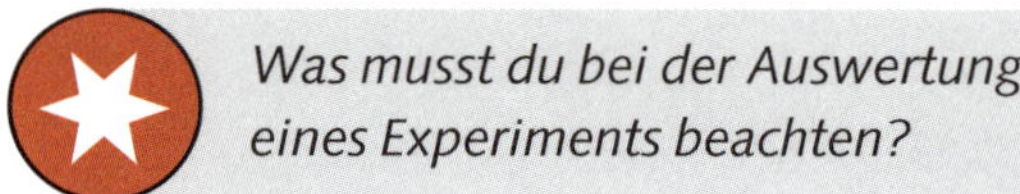

Was musst du bei der Auswertung eines Experiments beachten?

Sofie hat neue Filzstifte als Ersatz für ihre alten bekommen. Als sie das erste Bild mit den neuen Stiften zeichnet, hat sie den Eindruck, dass die Farben irgendwie anders aussehen, obwohl die Stifte zur gleichen Marke gehören wie ihre alten Stifte. Sie vermutet, dass der Hersteller die Farbe verändert hat. Zusammen mit ihrem Vater überlegt sie, wie sie das überprüfen könnte. Ihr Vater hat eine Idee und zeigt ihr in einem Buch einen Versuch zur Kreidechromatographie. Sofie führt den Versuch zuerst mit den blauen Stiften, dann mit den schwarzen und zum Schluss noch einmal mit den braunen Stiften durch.

Kreidechromatographie

Farbstoffe sind häufig aus verschiedenen Farben zusammengesetzt. Folgendes Verfahren zeigt, wie man Farbstoffe in verschiedenfarbige Bestandteile zerlegen kann: Man nimmt ein Stück Kreide. Am unteren Ende des Kreidestückes trägt man etwas Farbe auf (siehe Skizze). Nun füllt man ein wenig Wasser in die Vertiefung einer Untertasse und stellt die Kreide hochkant hinein. Beobachten Sie, was passiert.

52

Kreidechromatographie

53

blaue Stifte

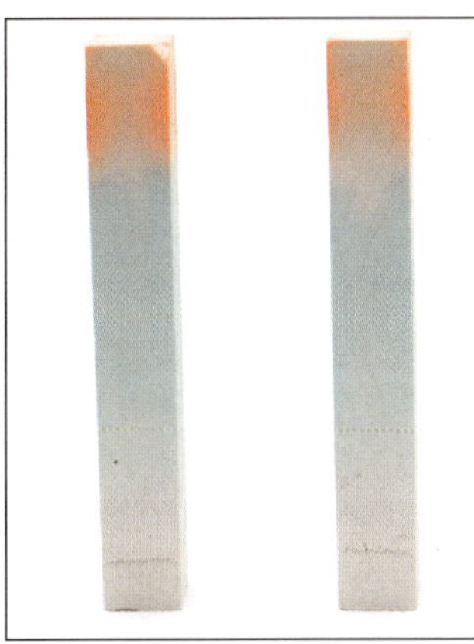

schwarze Stifte

braune Stifte

Das Experiment hat für die braunen Stifte dasselbe Muster ergeben. Bei den blauen und den schwarzen Stiften war es unterschiedlich. Sofie überlegt, dass die Herstellerfirma an der Zusammensetzung der blauen und der schwarzen Farbe in der Zwischenzeit etwas verändert hat. Die Farbe der braunen Stiften ist nicht verändert worden. Ist Sofies Überlegung richtig?

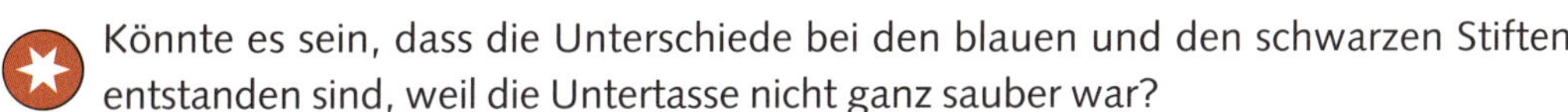 Könnte es sein, dass die Unterschiede bei den blauen und den schwarzen Stiften entstanden sind, weil die Untertasse nicht ganz sauber war?

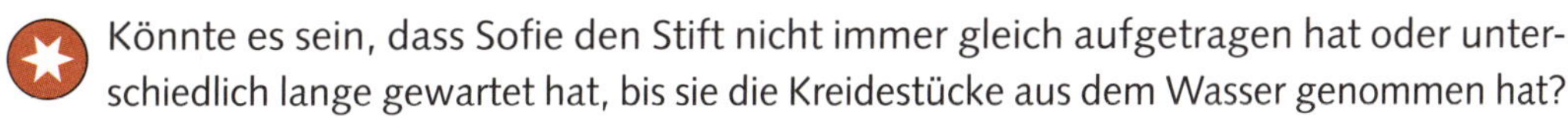 Könnte es sein, dass Sofie den Stift nicht immer gleich aufgetragen hat oder unterschiedlich lange gewartet hat, bis sie die Kreidestücke aus dem Wasser genommen hat?

 Was kann Sofie tun, um sicherzustellen, dass sie beim Experimentieren keinen Fehler gemacht hat?

Als Forscher führst du ein Experiment immer mehrmals durch. Du wählst jedes Mal genau die gleichen Versuchsbedingungen (z.B. die gleiche Temperatur oder die gleiche Helligkeit). Nur wenn die Beobachtung wirklich überzeugend ist, solltest du dem Ergebnis trauen. Erst wenn du mehrmals hintereinander das gleiche Ergebnis erhältst, kannst du davon ausgehen, dass dein Ergebnis richtig ist.

Experimente protokollieren

Das Versuchsprotokoll

Wenn du in der Schule einen Versuch durchführst, bekommst du meistens eine Versuchs-anleitung: Du weißt genau, welche Materialien du brauchst und was du zu tun hast. Als Forscher musst du dagegen selbst ein Experiment planen, um eine Antwort auf eine Frage zu finden.

Damit du auch nach längerer Zeit noch weißt, was du mit deinem Versuch herausfinden wolltest und wie du bei der Durchführung vorgegangen bist, notierst du alle Arbeits-schritte in einem Versuchsprotokoll. Mithilfe des Protokolls können auch andere Forscher nachvollziehen, was du gemacht hast, und den Versuch selbst noch einmal durchführen.

Das Nudel-Experiment

Hast du dir Nudeln beim Kochen schon einmal genau angesehen?
Sie werden dabei weicher und größer. Nehmen die Nudeln beim Kochen etwa Wasser auf? Und wenn ja: Wie viel?

Plane hierzu ein Experiment. Gehe dabei Schritt für Schritt vor: Überlege genau, welche Frage du mit dem Versuch beantworten möchtest, welche Materialien du brauchst und wie du den Versuch durchführen möchtest.

Bereite dann ein Versuchsprotokoll vor: Du kannst zum Beispiel schon die Frage und deine Vermutung notieren und aufschreiben, welche Materialien du brauchst, wie du den Versuch durchführst und welche Sicherheitsmaßnahmen du beachten musst.

Mein Versuchsprotokoll:

Frage:
Nehmen Nudeln beim Kochen Wasser auf?

Meine Vermutung:
Wenn Nudeln beim Kochen Wasser aufnehmen,
werden sie durch das Kochen schwerer.

Was ich brauche:
- eine Packung Nudeln
- eine Waage
- einen Topf
- Wasser und Salz zum Kochen
- ein Sieb

Mein Versuch:
Ich wiege die Nudeln vor dem Kochen mit der Waage
und koche sie dann nach der Anleitung auf der Verpackung.
Ich schütte die gekochten Nudeln in ein Sieb und
lasse alles Wasser gründlich abtropfen.
Danach wiege ich die gekochten Nudeln noch einmal.

Meine Beobachtung:
Das Gewicht der Nudeln vor dem Kochen war 134g.
Nach dem Kochen wogen die Nudeln 281g

Mein Ergebnis:
Die Nudeln haben Wasser aufgenommen, und zwar soviel,
dass sie ihr Gewicht mehr als verdoppelt haben.

Als Forscher schreibst du zu jedem Versuch ein Protokoll: Du hältst deine Überlegungen, dein Vorgehen und deine Ergebnisse fest. Zu jedem Arbeitsschritt notierst du die wichtigsten Angaben. Mithilfe eines guten Protokolls sind andere Forscher in der Lage, die Ergebnisse zu überprüfen.

Experimente richtig durchführen

Der Wollversuch von Kai und Lisa

Um herauszufinden, ob Wolle warm macht, haben sich Kai und Lisa folgendes überlegt: Wenn Wolle warm macht, muss man das mit einem Thermometer messen können. In der Garage finden sie ein Thermometer in einer Kiste vergraben. Es zeigt 10 °C an. Mit dem Thermometer in der Hand laufen sie ins Haus zurück. Zuerst halten sie es unter die Wolldecke im Wohnzimmer. Jetzt zeigt es schon 20 °C an. Kai hält das Thermometer nun unter Lisas Strickpullover. Die Temperatur steigt weiter. Als das Thermometer bei 35 °C stehen bleibt, fällt Lisa noch etwas ein: Sie reibt das Thermometer kräftig an ihrem Pullover. Das Thermometer steigt noch einmal auf 40 °C. Beide kommen zu dem Ergebnis: Wolle macht warm.

Weshalb beweist das Experiment von Kai und Lisa nicht, dass Wolle warm macht? Warum zeigte das Thermometer immer höhere Temperaturen an?

 *Renates Nudelversuch*

Renate möchte den Nudelversuch durchführen. Sie sucht alles zusammen, was sie braucht. Eine angebrochene Packung Spaghetti findet sie schnell, auch eine Küchenwaage und ein Sieb und alles, was sie sonst noch braucht. Sie nimmt sich 5 Spaghetti aus der Packung und legt los. Aber der Versuch gelingt nicht.

Was hättest du anders gemacht als Renate?

 *Das Minigewächshaus*

Eine Gruppe bekommt die Aufgabe zu klären, warum Pflanzen im Gewächshaus viel besser wachsen als auf dem Feld. Sie geben dazu folgenden mündlichen Bericht ab.

„Wir haben einen Plastikbecher mit Frischhaltefolie abgedeckt. Vorher hatten wir eines von den beiden kleinen Thermometern in den Becher gestellt. In dem Becher wurde es ganz schnell viel wärmer als draußen, obwohl wir in der Sonne waren. In dem Becher war es wie im Treibhaus."

Schreibe ein Protokoll zu diesem Experiment.

Experimentieren wie ein Forscher:

Ein Forschungsexperiment muss gut geplant werden. Schreibe auf,
in welchen 6 Schritten du vorgehst und worauf du achten musst.

Die folgenden Stichworte sollen dir helfen:

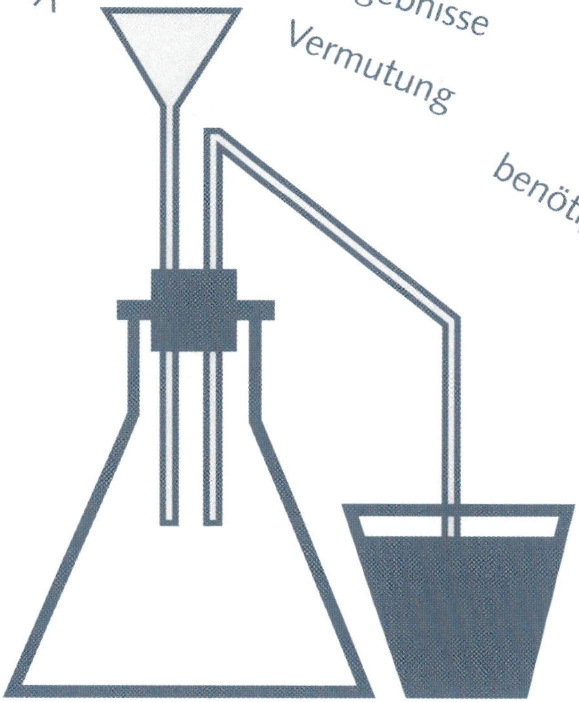

Experimentieren bedeutet für mich:

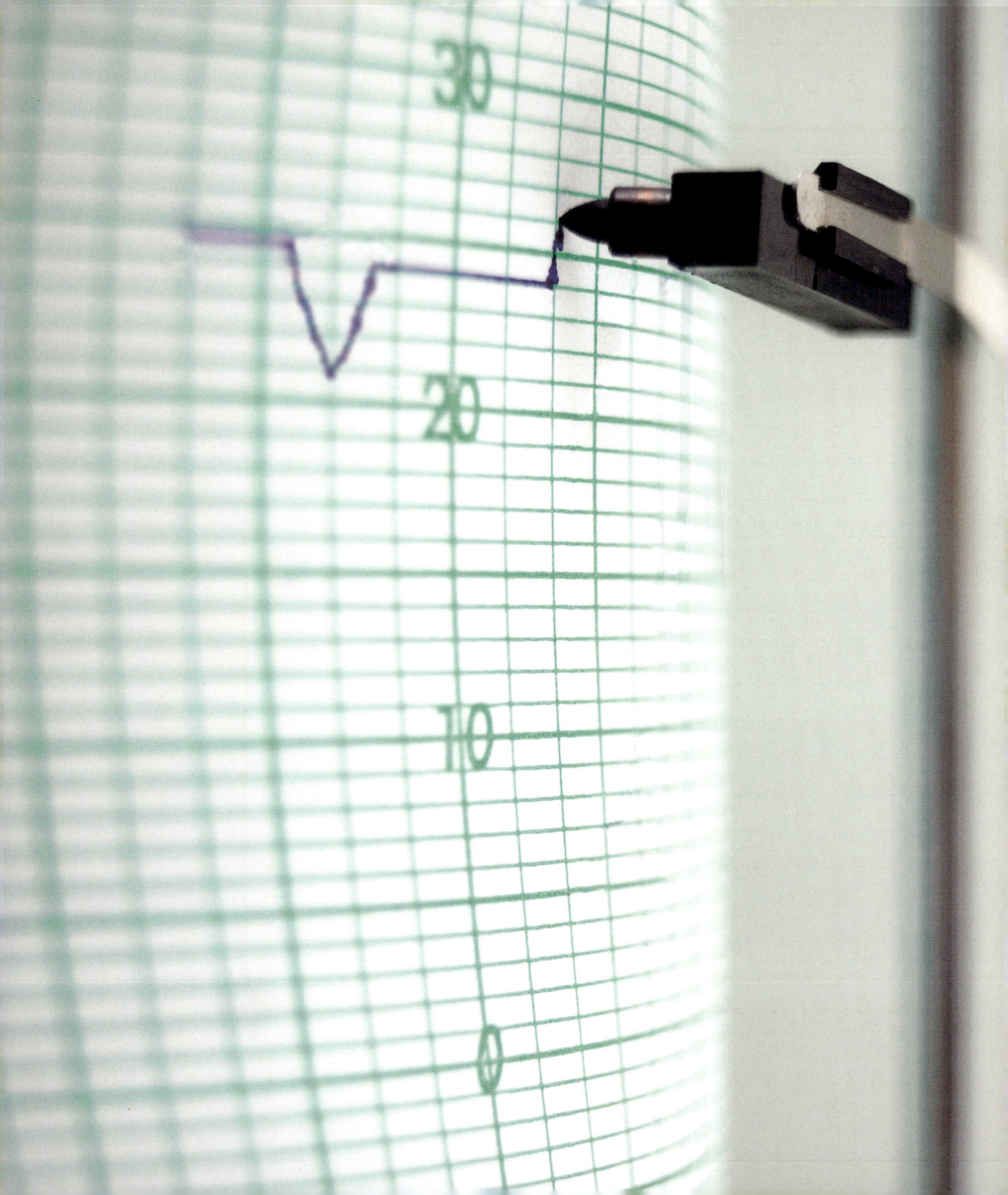

5 | Dokumentieren

Wenn ein Forscher Beobachtungen und Messwerte für sich festhalten und für andere verständlich darstellen möchte, dann sucht er nach einer Form, die möglichst anschaulich ist, so dass man sich die Ergebnisse gut einprägen kann. Wenn er etwas gemessen hat, legt ein Forscher z.B. eine Tabelle an, oder er erstellt ein Schaubild oder ein Diagramm.

In diesem Kapitel erfährst du, welche unterschiedlichen Möglichkeiten es gibt, Beobachtungen, Versuche und Messergebnisse darzustellen, und worauf du dabei achten musst.

Darstellungsformen

Lesbar machen, was andere wissen sollen

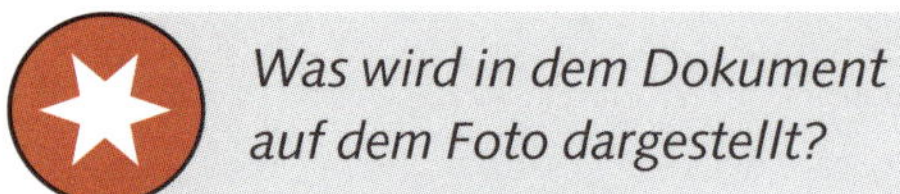

Was wird in dem Dokument auf dem Foto dargestellt?

Aeneas: Das bin ja ich! Was ist das denn für ein Heft?

Mutter: Das ist dein Babypass! Den haben wir von deiner Geburt an geführt.

Aeneas: Was heißt denn eigentlich U1, U2 und die anderen U's?

Mutter: U heißt soviel wie Untersuchung. Da waren wir mit dir jedes Mal beim Kinderarzt. Alle kleinen Kinder werden in regelmäßigen Abständen gründlich untersucht, und die Ergebnisse werden in den Pass eingetragen.

Aeneas: Ist ja gar nicht regelmäßig! Bei U1 steht mein Geburtsdatum und U2 ist 4 Tage später, aber U3 war erst ein Monat später und U4 ....

Mutter: Ja, das stimmt, ... Am Anfang sind die Untersuchungen in kürzeren Abständen, weil sich bei einem Baby vieles sehr schnell ändert.

Aeneas: Aber das Gewicht und die Größe haben sie jedes Mal gemessen, stimmt's?

Mutter: Ja, das haben wir sogar selbst zuhause gemessen und zwar mindestens jede Woche. Du warst immer ziemlich groß!

Aeneas vertieft sich nach dieser Unterhaltung in seinen Babypass.

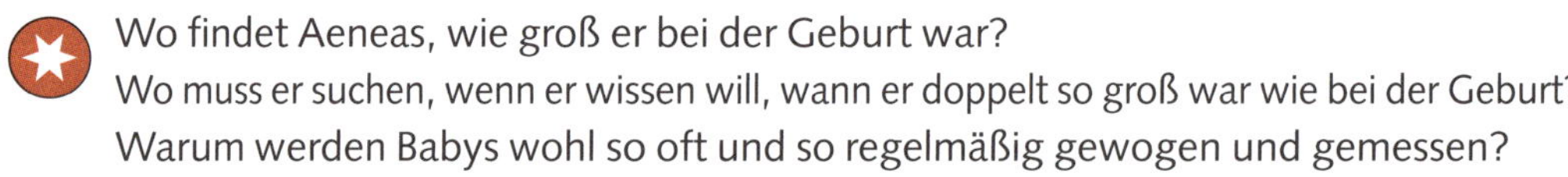

Wo findet Aeneas, wie groß er bei der Geburt war?
Wo muss er suchen, wenn er wissen will, wann er doppelt so groß war wie bei der Geburt?
Warum werden Babys wohl so oft und so regelmäßig gewogen und gemessen?

Frage deine Mutter nach deinem eigenen Baby-Pass! Zeigt sich in deiner Gewichtskurve vielleicht, dass du im ersten Lebensjahr einmal krank warst?

Somatogramm

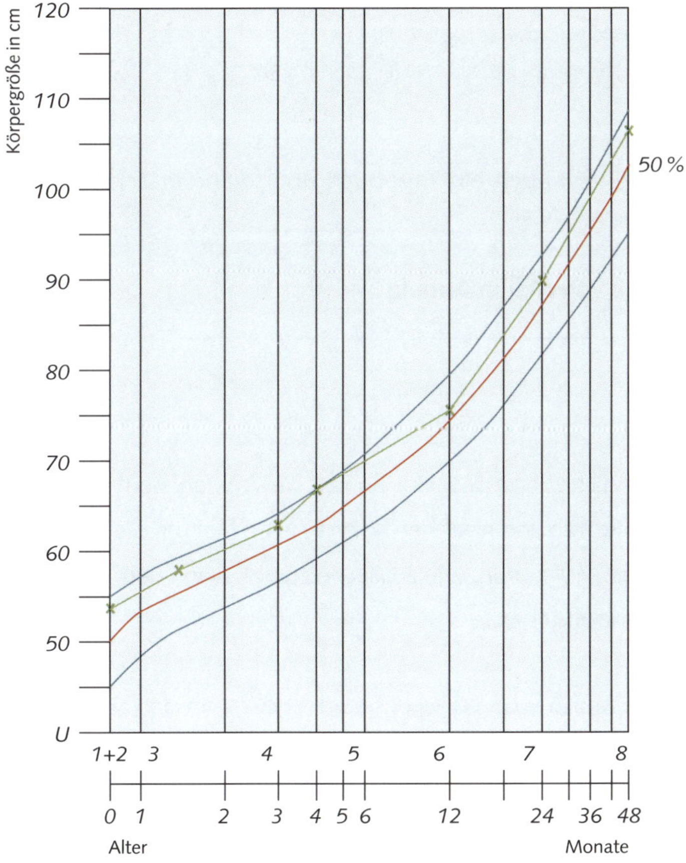

Das abgebildete Somatogramm zeigt den Wachstumsverlauf eines Kindes von der Geburt bis zum fünften Lebensjahr: Die rote Kurve gibt die durchschnittliche Größe eines Kindes an. Die beiden blauen Linien grenzen den so genannten „Normalbereich" ein, d.h. in diesem Bereich liegt die Größe der meisten Kinder. Liegt die Größe eines Kindes über oder unter dem Normalbereich, ist dies kein Grund zur Sorge. Viel wichtiger ist, dass sich das Kind parallel zu der Normalkurve entwickelt.

Wenn du Veränderungen beobachtet hast, stellst du sie als Forscher oft in einem Diagramm dar.

Darstellungsformen

Das Baby-Tagebuch

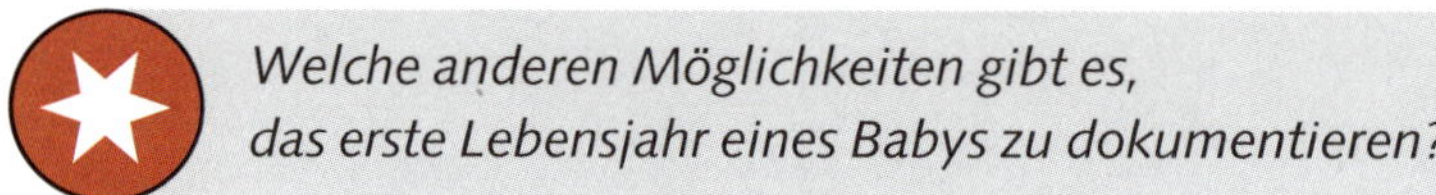

Vielleicht haben deine Eltern auch ein Tagebuch über deine ersten Lebensmonate geschrieben wie die Mutter von Mailin…

Aus dem Baby-Tagebuch von Mailin Anouk:

3 Wochen alt

31.12.02: Heute ist Mailin schon drei Wochen alt geworden! Heute ist ja Silvester, Dirk ist gerade beim Einkaufen und nachher kommt meine Mutter, die „feiert" mit uns und kocht was Leckeres. Mal sehen, wie Mailin reagiert, wenn heute Abend die ganzen Knaller und Raketen hochgehen…

01.01.03 – 03.01.03: Mailin war völlig unbeeindruckt von der Knallerei an Silvester. Die Nächte sind nicht besser geworden, es ist wirklich sehr anstrengend. Tagsüber vergesse ich vor Verzückung über dieses winzige Mädchen meine Müdigkeit. Heute, am 03.01., war unsere Hebamme da, Mailin wurde ja vor 14 Tagen beim Kinderarzt gewogen, dort hatte sie ihr Geburtsgewicht bereits wieder erreicht. Heute hat die Hebamme sie gewogen und unser Brummer hat sage und schreibe fast 800 Gramm zugenommen und das innerhalb von zwei Wochen. Naja, ich weiss ja, woher es kommt, nicht umsonst schreit sie alle 2–3 Stunden nach der Brust, als hätte sie davor tagelang nichts bekommen.

mehr dazu im Internet unter: **http://www.hobbins.de/babytagebuch.html**

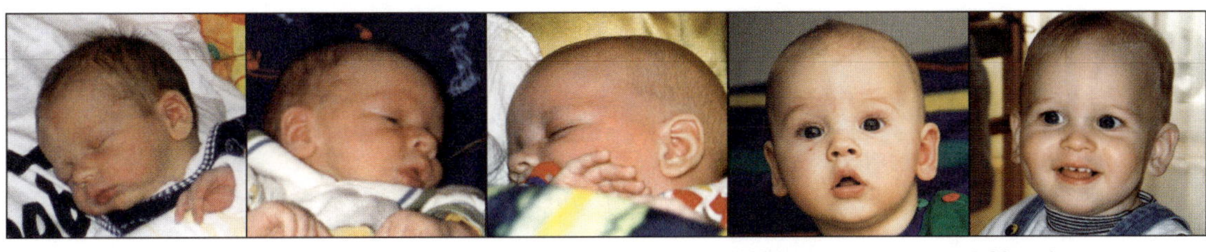

1 Tag   1 Monat   3 Monate   5 Monate   8 Monate

... oder ein Foto-Tagebuch geführt, so wie die Eltern von Max

Du siehst, dass es verschiedene Möglichkeiten gibt, die Entwicklung eines Babys zu beschreiben. Je nach Art der Beschreibung lassen sich unterschiedliche Fragen beantworten, z. B. ob ein Baby für sein Alter und seine Größe zu schwer oder zu leicht ist, ob die Zähne zum erwarteten Zeitpunkt gekommen sind...

 Schreibe auf, welche Entwicklungen eines Babys man besser mit einem Diagramm oder welche man besser mit einem Tagebuch oder mit Fotos dokumentieren könnte!

Diagramm	Tagebuch	Fotos

Als Forscher benutzt du verschiedene Darstellungsformen, um Vorgänge festzuhalten und Sachverhalte zu beschreiben. Es ist wichtig für dich, die passende Art der Dokumentation zu wählen, die das Wesentliche deiner Untersuchungen herausstellt und nichts Wichtiges weglässt. Damit kannst du auch später noch Auskunft geben und neue Fragen beantworten.

Beobachtungen dokumentieren

Beschreiben, was du siehst

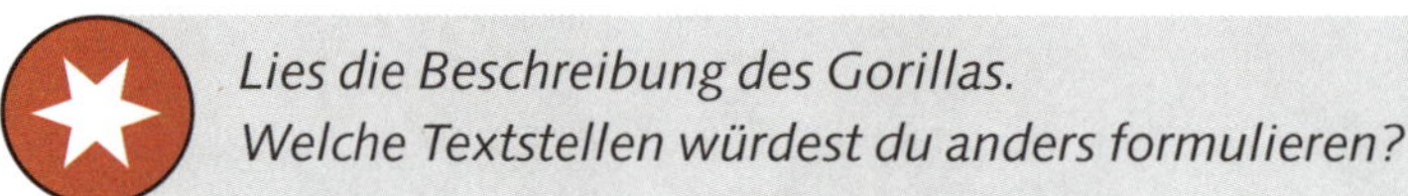

Übrigens:
Der Anführer einer Gorillagruppe heißt Silberrücken. Silberrücken bedeutet, dass der Rücken der Tiere silbrig oder grauhaarig ist. Nur die Rücken der Männchen verfärben sich, wenn sie ausgewachsen sind.

Marie war mit ihrer Klasse im Zoo. Jeder sollte sich ein Tier aussuchen und sein Aussehen und Verhalten beschreiben. Die Texte sollten in den nächsten Biologiestunden vorgelesen und besprochen werden.

Marie fand den Gorilla besonders interessant. Stolz las sie erst ihren Eltern, dann ihrer Oma vor, was sie über den großen Menschenaffen geschrieben hatte:

Der Silberrücken lungert in einer Ecke, direkt hinter der Glasscheibe herum. Er hat seinen Arm hinter dem Kopf verschränkt. Mit der rechten Hand kratzt er sich ab und zu am linken Ohr und betrachtet dabei gelangweilt einen Haufen grüner Zweige vor dem Kletterbaum.

Das Tier ist riesig. Man sieht seine starken Muskeln. Seine Haut ist weich und schwarzgrau und von groben schwarzen Haaren bedeckt. An seiner Vorderseite hängt sie ganz locker herunter. Seine Augen blicken wissend und weise. Immer dann, wenn dem Gorilla gerade eine Idee kommt, wirft er mir einen schnellen Seitenblick zu.

Als ich mich bewege, fühlt er sich bedrängt und rückt ungefähr 15 cm von der Glasscheibe ab. Schließlich hat er genug von meiner Anwesenheit. Er gähnt, dann wuchtet er sich auf die Füße und schleppt sich gemächlich in einen anderen Teil des Geheges.

Alle fanden den Text sehr gut und meinten, sie könnten sich den Gorilla richtig gut vorstellen. Aber am nächsten Tag im Unterricht sagte die Biologielehrerin, dass Marie ihren Text unbedingt noch einmal überarbeiten muss, weil sie zu viel geschrieben hat. Die Lehrerin erklärt ihr, dass z. B. das Wort „gelangweilt" nicht in den Text passt, weil man nicht sehen kann, ob ein Gorilla gelangweilt ist oder nicht. Ein Mitschüler hätte die gleiche Beobachtung vielleicht anders gedeutet und geschrieben, der Gorilla sei „nachdenklich" gewesen. Aber auch das wäre eine Unterstellung, die nicht zu belegen ist.

Welche Stellen im Text sollte Marie noch ändern, damit es ein naturwissenschaftlicher Text wird? Unterstreiche mindestens 5 Textstellen, die du besser formulieren könntest. Schreibe den verbesserten Text auf.

Beobachte andere Tiere, z. B. im Zoo oder ein Haustier. Auch Pflanzen lassen sich gut beobachten. Du kannst auch ein Naturtagebuch führen: Suche dir draußen einen Platz, z. B. einen Baum oder eine Wiese. Beobachte diesen Ort regelmäßig und schreibe deine Beobachtungen auf. Du kannst auch Fotos dazukleben.

Als Forscher beobachtest du genau. Du beschreibst das Aussehen eines Gegenstandes oder das Verhalten eines Tieres in allen Einzelheiten. Dabei achtest du darauf, dass du nur beschreibst, was du mit deinen Sinnen erfassen kannst. Erst wenn du mehrere Beobachtungen gesammelt hast, ziehst du daraus deine Schulssfolgerungen und machst sie als solche kenntlich.

Versuche dokumentieren

Ausführlich oder kurz und bündig?

In den Meeresalinen scheidet sich beim Verdunsten des Wassers festes Salz am Rand ab, welches dann zu Haufen zusammen geschoben wird.

Im Unterricht wurde über die Gewinnung von Salz aus Meerwasser gesprochen und ein Film über Salinen am Mittelmeer gezeigt. Die Schülerinnen und Schüler sollten sich als Hausaufgabe einen Versuch überlegen, mit dem man die Salzgewinnung demonstrieren kann. Sie sollten den Versuch außerdem mit Haushaltsgeräten durchführen und beschreiben.

Lukas hat geschrieben:

Zuerst habe ich in der Küche nach einem passenden Gefäß zum Mischen gesucht. Im Keller habe ich schließlich ein staubiges Einmachglas gefunden. Das musste ich erst spülen. Das Mischen ging ganz leicht, das Salz hat sich im Wasser völlig aufgelöst, der Sand hat sich bald am Boden abgesetzt. Nach dem Rühren konnte ich noch lange sehen, wie das Wasser immer wieder ein bißchen Sand aufgewirbelt hat. Meine Mutter hat mir erlaubt, zum Filtrieren den Einsatz von der Kaffeemaschine zu benutzen, wenn ich sie anschließend wieder sauber mache. Ich habe eine braune Filtertüte eingelegt und dann das Wasser mit dem Sand und dem aufgelösten Salz erst wieder aufgerührt, bevor ich es durchgegossen habe. Dabei hat es etwas gespritzt, ein paar Tropfen kamen auf meine Brille und auf meinen Mund. Es hat ganz salzig geschmeckt.
Die durchgelaufene Flüssigkeit habe ich mit einem Messbecher aus weißem Plastik aufgefangen. Es hat über vier Minuten gedauert, bis der letzte Tropfen aus der Filtertüte gekommen ist. Es war auch nicht mehr ganz ein viertel Liter. Ich habe noch mal einen Finger hineingesteckt und abgeleckt, es war so salzig wie vorher! Dann habe ich das Salzwasser aus dem Messbecher in eine flache Auflaufform gefüllt. Weil die meisten Fensterbänke in unserer Wohnung sehr schmal sind, habe ich die Form mit der Salzlösung auf den Balkontisch gestellt. Dort bekam sie auch viel Sonne ab. Ich glaube, das Wasser ist so schnell verdunstet, weil es draußen auch etwas windig war. Am Samstag morgen hatte ich mit dem Versuch angefangen, am Abend konnte ich es schon am Innenrand der Auflaufform glitzern sehen. Das waren die erste Salzkristalle. Am Sonntag musste ich dann alles wieder spülen, das war ziemlich viel Arbeit.

Jonas hat geschrieben:

> Man mischt 1/4 L Wasser, 20 g Salz und 20 g Sand in einem Topf. Das Gemisch wird durch einen Kaffeefilter gegossen. Was durch den Filter fließt, wird aufgefangen. Man gießt es in eine flache Schale und stellt es in die Sonne. Nach einem Tag sieht man einen Salzrand.

★ Der Lehrer von Jonas und Lukas hat dem einen gesagt, er solle seinen Text noch kürzen, dem anderen hat er geraten, noch ein paar Einzelheiten zu ergänzen.
Welche Kürzungen würdest du Lukas empfehlen? Was sollte Jonas ergänzen?

… mehr als tausend Worte

Sophie hat ihre Versuchsbeschreibung nach dem Motto angefertigt:
„Ein Bild sagt mehr als 1000 Worte."

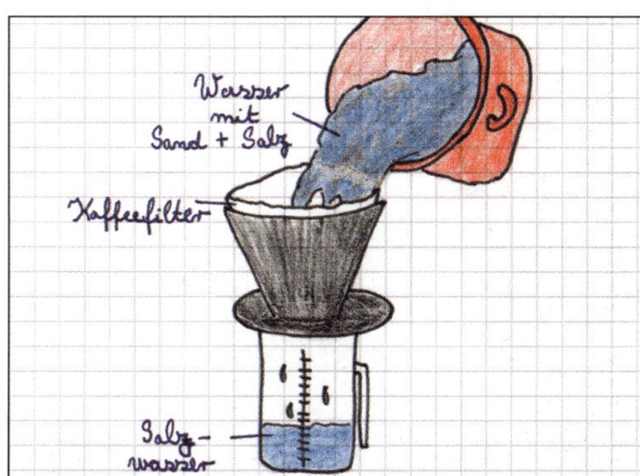

★ Könntest du den Versuch nach den Abbildungen von Sophie durchführen?
Welche Informationen hättest du noch gebraucht?

Als Forscher beschreibst du deine Versuche so, dass jeder, der sie liest, genau so wiederholen kann. Dazu musst du angeben, welche Geräte du benutzt hast und in welcher Reihenfolge du vorgegangen bist, worauf du deine Aufmerksamkeit gelenkt hast, wie lange du beobachtet hast und worauf man sonst noch achten sollte. Wenn es sinnvoll ist, ergänzt du deine Versuchsbeschreibung durch eine anschauliche Skizze oder durch Fotos.

Tabellen und Diagramme

Ergebnisse auf einem Blick

Diagramme zeigen die Ergebnisse einer Untersuchung.
Wie kommst du von deinen Messwerten zu einem Diagramm?

Beim Klassenfest blasen zwei Mannschaften um die Wette Luftballons auf. Der kräftige Frederik braucht nur 6 Atemzüge, um einen prallen Ballon zu bekommen, die kleine Jana pustet fast 20 Mal, bis ihr Ballon ebenso groß ist. Patrick, der „Kapitän" von Janas Mannschaft, beschwert sich bei der Lehrerin über die ungerechten Voraussetzungen des Wettkampfs. Er sagt, es sei doch klar, dass Mädchen weniger Puste haben als Jungen. Außerdem könnten große Kinder tiefer Luft holen als kleine.

 Stimmt es, was Patrick sagt? Wie könnte man seine Behauptung überprüfen?

Wie du einen Mittelwert bestimmst

Ich zähle alle gemessenen Werte zusammen
1. Wert + 2. Wert + 3. Wert = Summe

Ich teile die Summe durch die Anzahl der Werte
Summe : Anzahl der Werte = Mittelwert

Die Lehrerin bringt am nächsten Tag ein merkwürdig aussehendes Gerät mit in den Unterricht. Sie erklärt, dass es sich um ein Glockenspirometer handelt, mit dem man das Volumen der auf einmal ausgeatmeten Luft messen kann. Nacheinander bestimmen nun alle Kinder, wie viel Luft sie auf einmal ausatmen können. Weil nicht jede Messung gleich ausfällt, bläst jedes Kind dreimal in das Gerät. Danach wird der Mittelwert aller drei Messungen bestimmt und in eine Tabelle eingetragen.

Damit die Behauptung von Patrick überprüft werden kann, reicht es nicht aus, nur das Atemvolumen zu messen. Man muss bei jeder Messung zusätzlich notieren, wie groß die Schülerin oder der Schüler ist und ob es ein Mädchen ist oder ein Junge. Die Mittelwerte des Atemvolumens und die anderen Angaben werden dann in einer Tabelle dokumentiert.

 Kannst du mithilfe der Tabelle sofort entscheiden, ob Jungen ein größeres Atemvolumen haben als Mädchen?

	Name	Jana	Patrick	Lisa	Frank	Frederick	Anna	Jonas	⋮	⋮	⋮	⋮
Atem-Volumen	**1. Messung**	2700 ml	3660 ml	3040 ml	3150 ml	3350 ml	3200 ml	3190 ml				
	2. Messung	2780 ml	3600 ml	3100 ml	3200 ml	3400 ml	3180 ml	3150 ml				
	3. Messung	2710 ml	3600 ml	2950 ml	3160 ml	3330 ml	3250 ml	3170 ml				
	Mittelwert	2730 ml	3620 ml	3030 ml	3170 ml	3360 ml	3210 ml	317 0 ml				
	Geschlecht	W	M	W	M	M	W	M				
	Größe	1,50 Meter	1,54 Meter	1,54 Meter	1,54 Meter	1,58 Meter	1,65 Meter	1,60 Meter				

 Als Forscher benutzt du Tabellen zur Dokumentation von Messwerten. Um die wichtigsten Ergebnisse auf einen Blick zu präsentieren, wandelst du die Tabelle in eine grafische Darstellung, z. B. ein Stabdiagramm, um.

Tabellen und Diagramme

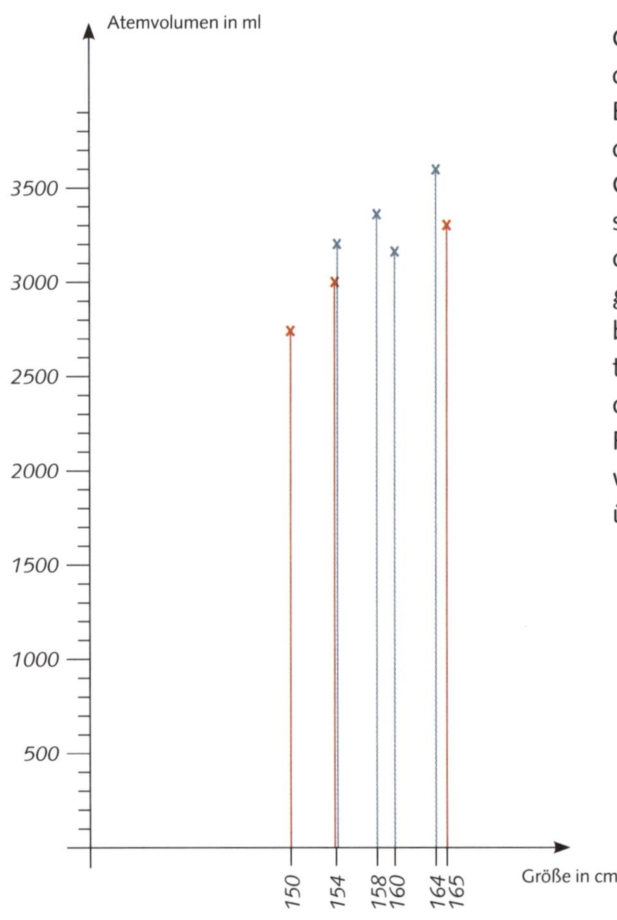

Ordne zunächst die Messwerte nach der Größe der Versuchspersonen. Bereite dann ein Diagramm vor: Auf der waagerechten Achse gibst du die Größe in Zentimetern an. Auf der senkrechten Achse trägst du über der Größe der Versuchsperson die gemessenen Atemvolumina ein. Verbinde den Punkt mit der waagerechten Achse. So erhältst du ein Stabdiagramm. Wenn du unterschiedliche Farben für Mädchen und Jungen verwendest, wird das Diagramm noch übersichtlicher.

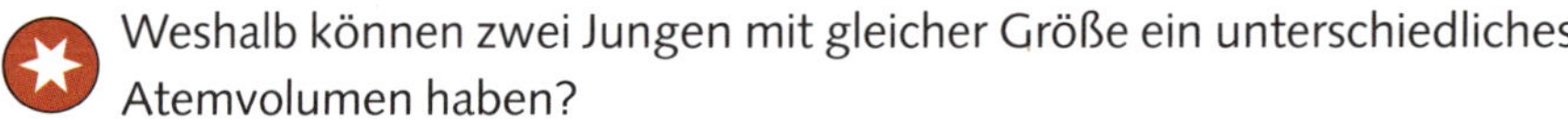

Weshalb können zwei Jungen mit gleicher Größe ein unterschiedliches Atemvolumen haben?

Grafiken lügen doch nur, oder?

Vergleiche das Diagramm auf dieser Seite mit dem Diagram auf Seite 85. Worauf musst du beim Erstellen eines Diagramms achten?

Bei der Abschlussbesprechung sind die meisten Mitschüler von Patrick der Meinung, dass die Unterschiede der Atemvolumina gar nicht so groß sind, wie sie gedacht hatten. Nur Peter und Marc sehen das anders. Tatsächlich sieht ihre Grafik auch ganz anders aus als die der anderen. Sie sagen, dass sie eigentlich nur Papier sparen wollten. Ihre Abbildung siehst du hier.

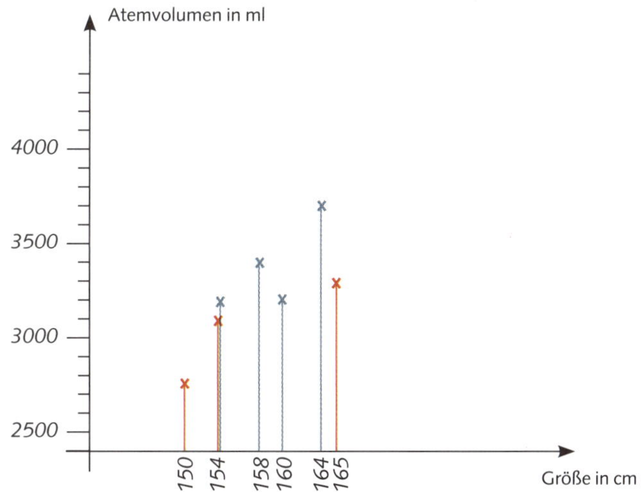

Wenn du in der Zeitung eine Grafik findest, solltest du darauf achten, wie die Werteachse eingeteilt ist. Vielleicht findest du auch noch andere Darstellungsformen, die ebenfalls einen ganz bestimmten Eindruck erwecken sollen.

Was haben Jonas und Marc in ihrer Grafik anders gemacht als die übrigen in der Klasse? Weshalb finden sie die Unterschiede im Atemvolumen sehr groß?

Obwohl beide Grafiken grundsätzlich richtig sind, erwecken sie offenbar einen unterschiedlichen Eindruck. Jonas und Marc hätten in ihrer Abbildung kennzeichnen müssen, dass die Werte-Achse nicht bei 0 beginnt.

Als Forscher kannst du durch die Art eines Diagramms und durch die Einteilung der Achsen eine bestimmte Aussage betonen. Es ist wichtig, dass du die Achsen sorgfältig und richtig beschriftest und darauf hinweist, in welcher Weise du die Daten geordnet hast.

Von der Tabelle zum Diagramm

Um Messwerte aus einer Tabelle anschaulicher darzustellen, kannst du sie zeichnerisch in ein Diagramm umsetzen. Hierbei gehst du in folgenden Schritten vor:

1. Schritt
Zuerst zeichnest du die beiden Werteachsen des Diagramms. Überlege, welche Werte du schon kennst und welche Werte du messen möchtest. Die bekannten Werte werden auf der waagerechten Achse, die gemessenen Werte auf der senkrechten Achse eingetragen.

2. Schritt
Beschrifte die beiden Achsen: Gib an, was du auf der waagerechten Achse und was du auf der senkrechten Achse eintragen willst. Wähle außerdem eine passende Einheit für beide Achsen aus, zum Beispiel °C für die Temperatur und Minuten für die Zeit.

3. Schritt
Überlege, wie du die Skala auf beiden Achsen einteilen kannst. Sieh dir dazu alle Werte an: Wie groß ist der höchste Wert auf jeder Achse? In wie viele gleich große Abschnitte kannst du die Achse unterteilen?

4. Schritt
Trage die Werte aus der Tabelle nacheinander in das Diagramm ein.

5. Schritt
Wenn du zum Beispiel die Veränderung der Temperatur beim Erhitzen von Wasser gemessen hast, kannst du die Werte zu einer Kurve verbinden. Wenn du keine Veränderung misst, sondern Unterschiede zeigen möchtest, zum Beispiel wie viele deiner Mitschüler eine bestimmte Schuhgröße haben, darfst du die einzelnen Werte nicht zu einer Kurve verbinden. Stattdessen zeichnest du Säulen oder Stäbe in das Diagramm ein.

Schuhgröße	35	36	37	38	39	40
Anzahl der Schüler	1	6	10	9	2	–

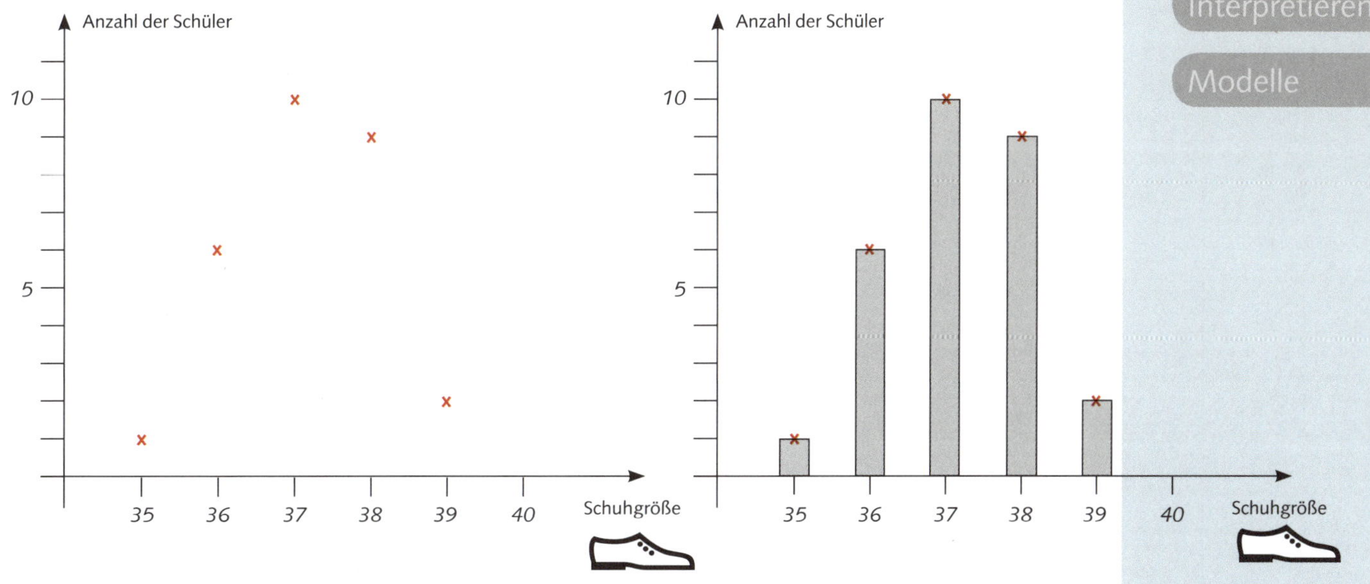

Zeit in [min]	0	1	2	3	4	5	6	7	8	9	10	11	12
Temperatur in [°C]	20	28	37	46	55	61	69	74	80	85	89	92	94

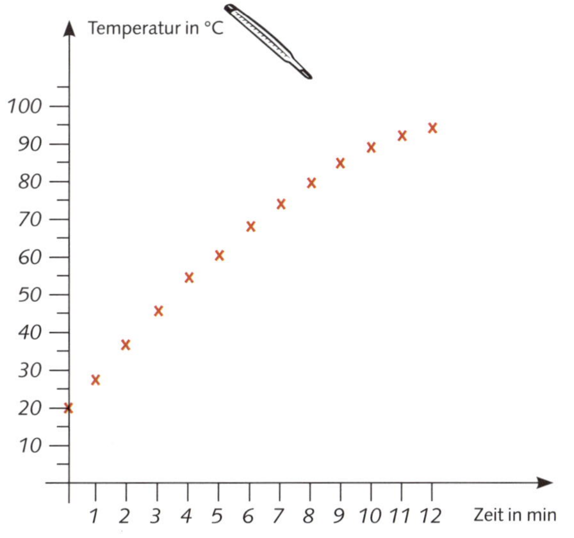

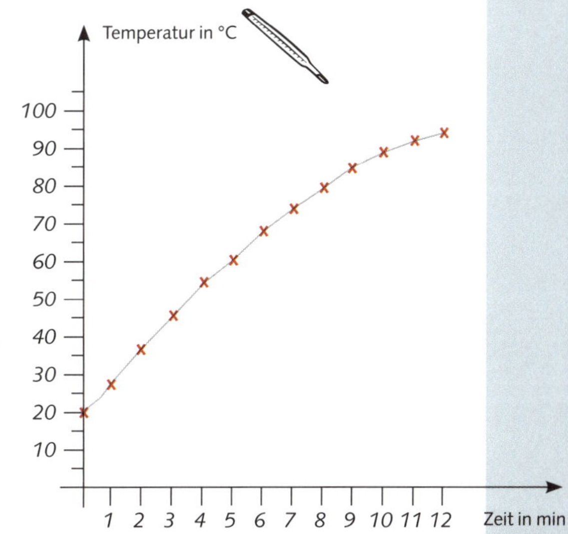

Das richtige Diagramm

Max hat an seiner Tür ein Maßband. Jedes Jahr an seinem Geburtstag hat sein Vater ihn gemessen und seine Größe darauf markiert. Max zerschneidet das Maßband zwischen der ersten und der letzten Markierung und klebt die Stücke nebeneinander auf. Max Vater sieht sich das Ergebnis an und lacht: „Du bist ja immer kleiner geworden!"

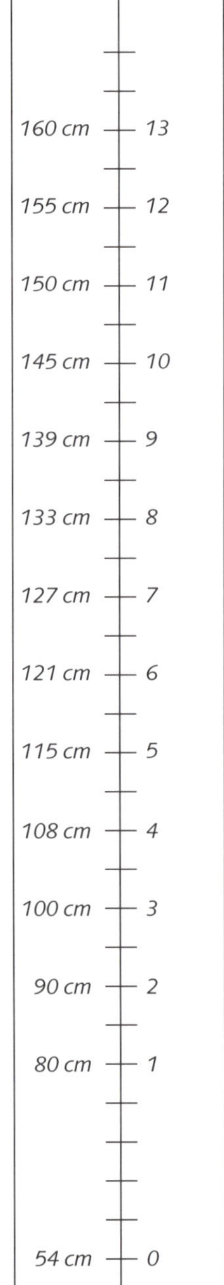

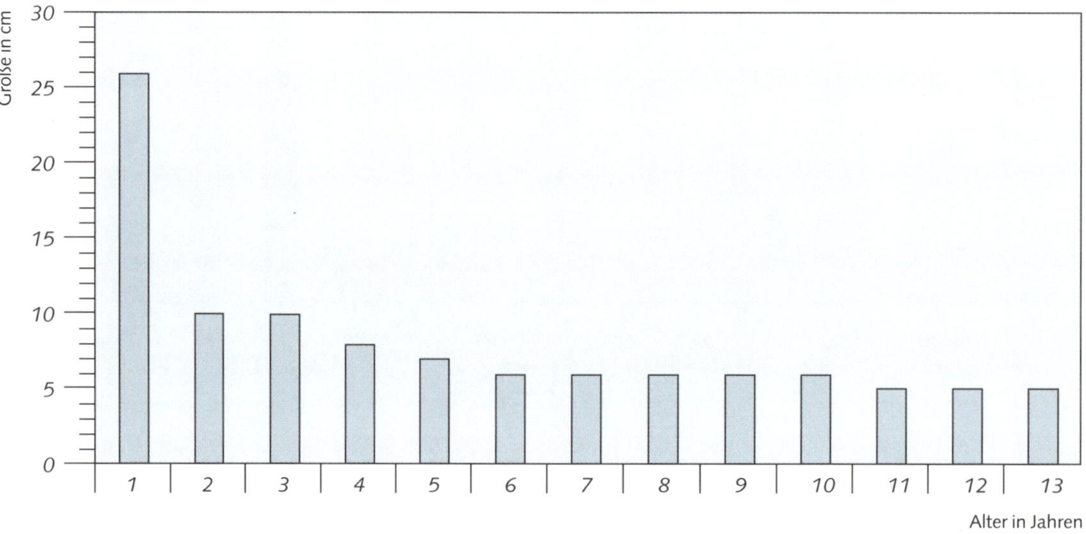

Was wird in den beiden Grafiken jeweils besonders gut veranschaulicht?

 Wandle das Zuwachs-Diagramm in ein Körpergröße-Diagramm um. Beginne im Jahr 0 mit Max Geburtsgröße.

Dokumentieren wie ein Forscher:

Beim Dokumentieren stellst du das Wesentliche deiner Untersuchungen anschaulich und für andere verständlich dar. Erkläre, worauf du dabei achten musst, indem du die Fragen beantwortest.

Was wird dokumentiert?
Welche verschiedenen Möglichkeiten, um etwas zu dokumentieren, kennst du?
Welche Dokumentationsform eignet sich für welche Untersuchung besonders gut?
Diese Stichwörter kannst du als Hilfe benutzen:

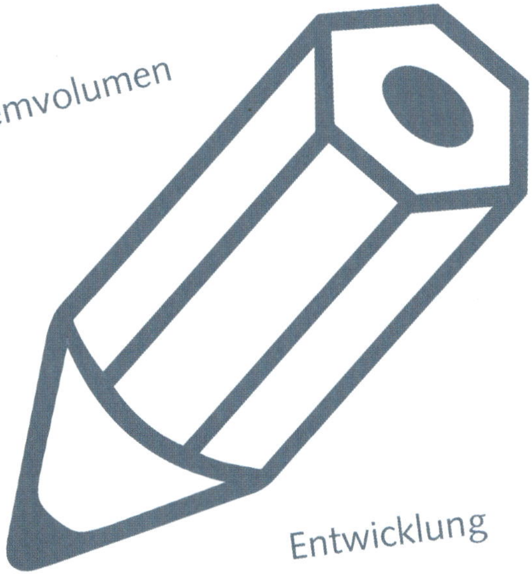

Dokumentieren bedeutet für mich:

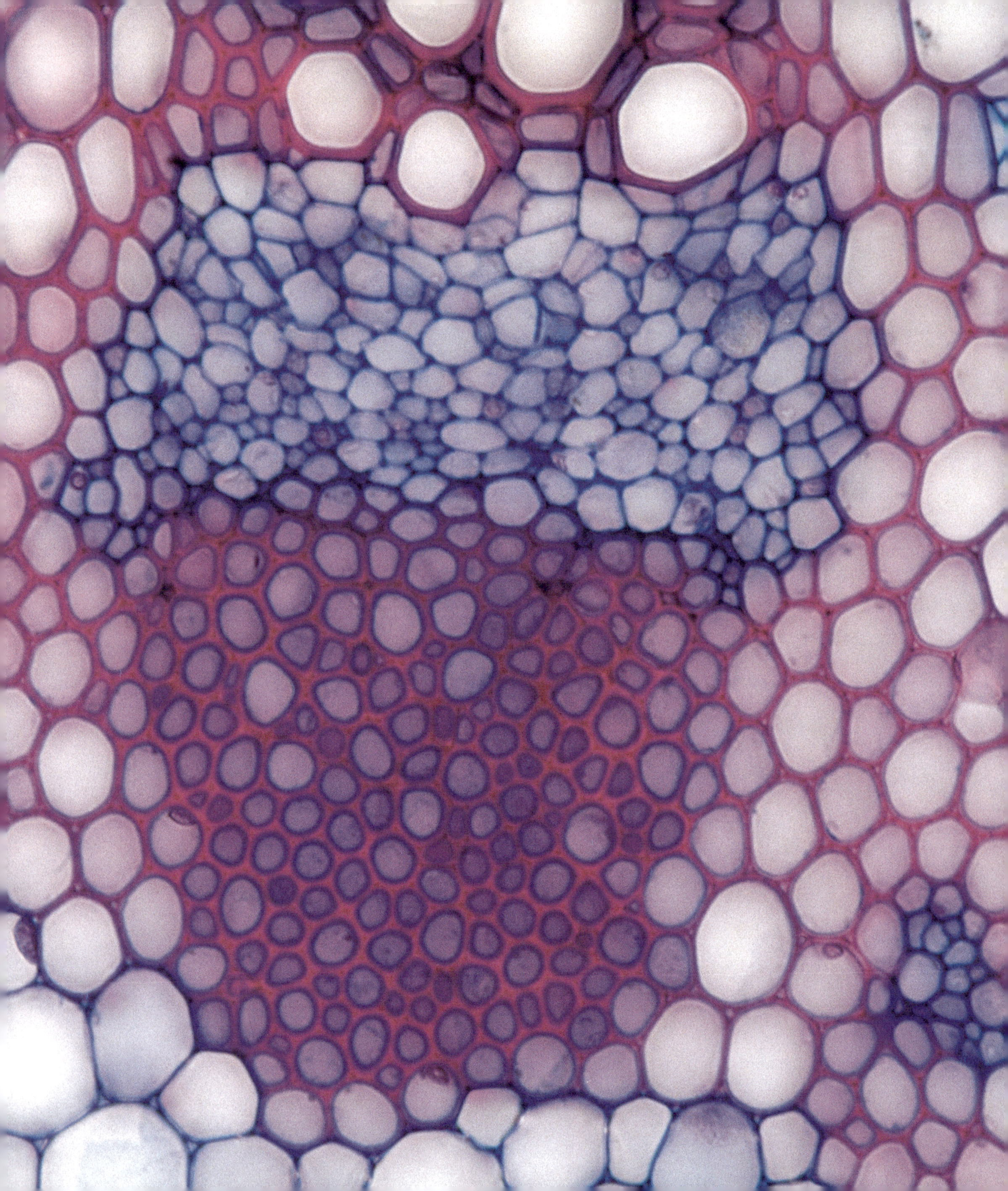

6 | Interpretieren

Viele Beobachtungen, die ein Forscher macht, sprechen nicht für sich selbst. Um herauszufinden, was sie bedeuten und was sie aussagen, muss ein Forscher die Beobachtungen erst interpretieren.

Dass es sich bei dem Foto um stark vergrößerte Zellen eines Pflanzenstängels handelt, weißt du, wenn du die Probe selbst unter das Mikroskop gelegt hast. Um herauszufinden, warum unterschiedliche Färbungen und Formen zu sehen sind, musst du dich mit anderen Forschern austauschen.

In diesem Kapitel erfährst du, wie man aus Beobachtungen und Messwerten Schlüsse zieht und wie man verschiedene Schlussfolgerungen überprüfen kann.

Aus Beobachtungen Schlüsse ziehen

Rätselhafte Beobachtungen

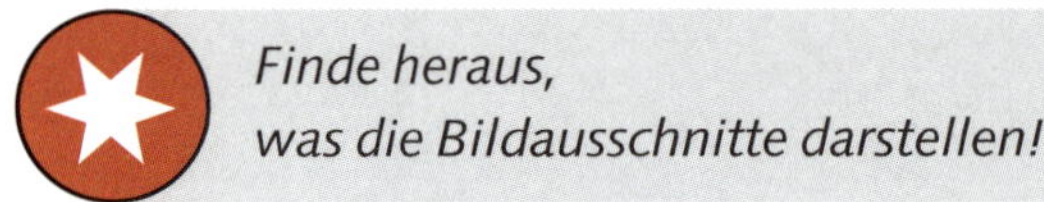

Leon holt einen Zettel aus seiner Schultasche. „Du errätst nie, was ich dir jetzt zeige" sagt er zu Lea. Auf seinem Blatt ist ein Viereck mit Strichen und dunklen Flecken drin.

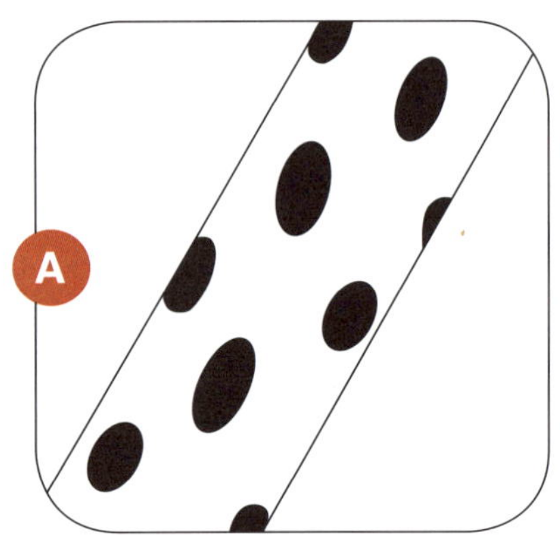
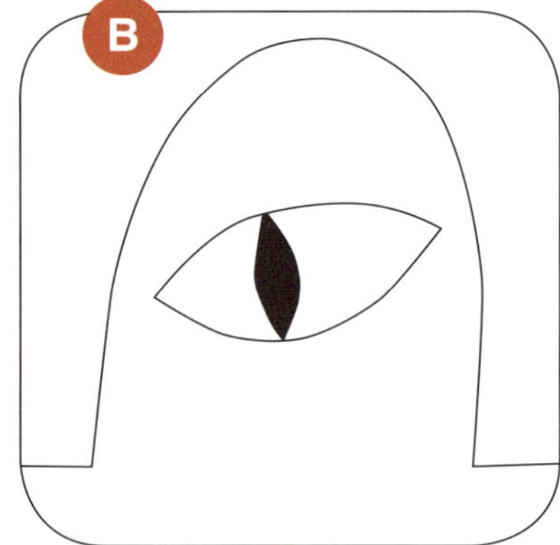
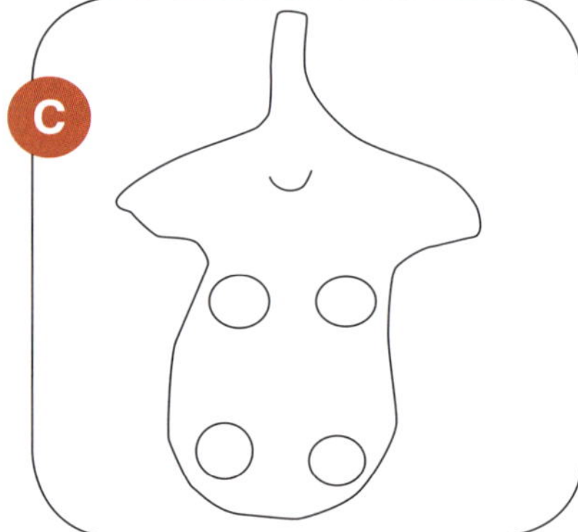

Lea rät „eine Landkarte", „ein Fluss", „…?"
Schließlich erlöst sie Leon: „Es ist eine Giraffe."
Lea: „Oh???"
„Ja", sagt Leon, „sie geht am Fenster vorbei, und du siehst nur einen kleinen Ausschnitt."

 Leon zeigt Lea noch weitere Bilder. Errätst du, welcher Ausschnitt jeweils zu sehen ist?

Einem Forscher geht es oft ähnlich wie Lea, wenn er versucht herauszufinden, was seine Beobachtungen aussagen. Viele Beobachtungen kann er nur mithilfe zusätzlicher Informationen erklären.

A: Giraffe steht vor dem Fenster; B: Katze guckt durch ein Mauseloch; C: Elefant von unten

Magnetische Büroklammern

Weißt du, aus welchem Material Büroklammern sind?
Wie würdest du diese Beobachtungen interpretieren?

Einen Behälter für Büroklammern kennst du sicherlich. Dieser Behälter hat einen einge-
bauten Magneten im oberen Teil, der die Büroklammern festhält. So kann man die Klammern einzeln abnehmen.

Dieses Prinzip funktioniert aber nicht mit allen Büroklammern: Klammern aus Kunststoff
werden zum Beispiel nicht von dem magnetischen Behälter angezogen.

Welche Materialien von einem Magneten angezogen werden, kann man in einem Le-
xikon unter dem Stichwort „Magnetismus" nachschlagen. Da heißt es, dass Dinge aus
Eisen, Nickel und Kobalt von einem Magneten angezogen werden, während Dinge aus
Kunststoff, Kupfer oder Aluminium nicht angezogen werden.

Die meisten Büroklammern sehen kupferfarben aus, sie werden trotzdem von einem Magneten angezogen. Aus welchem Material sind diese Büroklammern?

 Beurteile, welche der folgenden Schlussfolgerungen richtig sind (Kreuze an).

Die Büroklammer ist aus:

○ Kupfer.

○ Eisen, Nickel oder Kobalt.

○ Material, das Eisen, Nickel oder Kobalt enthält.

○ Material, das wahrscheinlich Eisen enthält.

○ Material, das Kupfer und wahrscheinlich Eisen enthält.

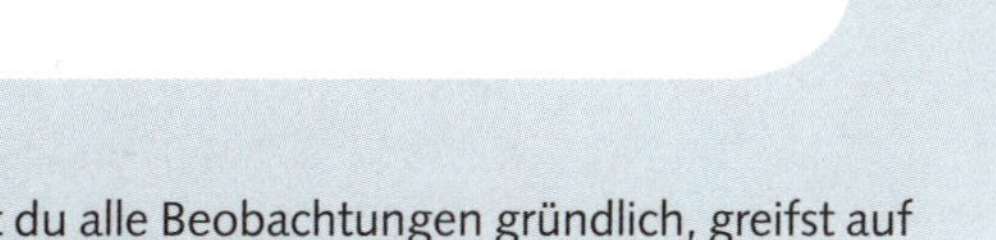

Als Forscher durchdenkst du alle Beobachtungen gründlich, greifst auf
Erklärungen zurück, die du schon kennst, und versuchst, die neuen
Beobachtungen mit deinem Wissen in einen Zusammenhang zu bringen.

Aus Beobachtungen Schlüsse ziehen

Das geheimnisvolle Ding

Sieh dir dieses Fundstück genau an:
Kannst du herausfinden, um was für einen Gegenstand es sich handelt?

Dieses „Ding" wurde bei der Ausgrabung eines mittelalterlichen Dorfes am Stadtrand von Göttingen gefunden. Es ist aus Knochen geschnitzt, und auf der Rückseite sieht man deutliche Spuren von Befestigungen. Worum handelt es sich wohl? Das haben sich auch die Archäologen in Göttingen gefragt.

Um die Frage zu beantworten, sahen sie sich das Fundstück genau an und notierten alle Beobachtungen. Dann griffen sie auf das zurück, was sie schon wussten, und zogen aus den Beobachtungen Rückschlüsse. So gehen auch andere Naturwissenschaftler vor.

Welche Beobachtungen sind deiner Meinung nach besonders wichtig?

Dies haben die Göttinger Archäologen beobachtet …	… und daraus ihre Schlussfolgerungen gezogen!
Das Fundstück hat die Form einer Scheibe.	Die Größe und Form des Fundstückes deuten auf einen Spielstein oder eine Brosche hin. Das kunstvolle Motiv würde eher für eine Brosche sprechen. Die Spuren auf der Rückseite zeigen, dass der Gegenstand irgendwo befestigt wurde, z. B. an einem Kleidungsstück.
Es besteht aus Knochen.	
Es hat einen Durchmesser von 5 Zentimetern und eine Stärke von 5 Millimetern.	
Der Gegenstand ist sehr kunstvoll gearbeitet.	
Die Vorderseite zeigt eine menschliche Figur, die aus zwei Vogelleibern herauswächst.	
Auf der Rückseite sieht man Spuren von Befestigungen.	

Messen, wann das Wasser kocht

Was ist bei diesem Experiment falsch gelaufen?

Jans Mutter hat es morgens immer eilig. Oft hört er sie sagen: „Das Teewasser braucht ja heute wieder eine halbe Ewigkeit zum Kochen." Jan will es genau wissen. Morgens, wenn seine Mutter das Teewasser kocht, misst er mit seiner Stopuhr die Zeit vom Einschalten des Wasserkochers bis zu dem Moment, wo sich der Kocher automatisch abschaltet. Er schreibt die folgenden Zeiten auf:

24.03.	25.03.	01.04.	05.04.	06.04
3 min 08 s	3 min 25s	2 min 17 s	3 min 20 s	3 min 28 s

Sieh dir die Tabelle mit Jans Messwerten an. Kann es sein, dass das Wasser am 1. April schneller gekocht hat als an den anderen Tagen? Das ist unwahrscheinlich. Vermutlich war bei der Messung am 01.04. etwas anders als an den anderen Tagen.

Welche Gründe fallen dir für den abweichenden Wert am 01.04. ein? Welche Schlussfolgerung ziehst du aus den übrigen Werten? Wie müsstest du das Experiment durchführen, um genauere Ergebnisse zu bekommen?

Als Forscher berücksichtigst du immer alle Beobachtungen, um daraus deine Schlussfolgerungen zu ziehen. Manchmal kommt es vor, dass du einzelne Beobachtungen nicht erklären kannst. Eine mögliche Ursache dafür kann sein, dass du beim Experimentieren einen Fehler gemacht hast oder etwas nicht bedacht hast.

Daten interpretieren

Der Storch und die Babies

Weshalb kann eine Schlussfolgerung falsch sein, obwohl alle gesammelten Daten richtig sind?

Sonja und Martin haben im letzten Monat einen kleinen Bruder bekommen. Natürlich haben Freunde und Verwandte Geschenke und Grußkarten geschickt. Martin fällt dabei auf, dass auf vielen Karten und auf dem Geschenkpapier oft ein Storch abgebildet ist, der ein Baby in einem Tuch im Schnabel trägt.

„Weißt du eigentlich, warum immer ein Storch auf den Karten zu sehen ist?" fragt er seine Schwester.

„Vielleicht hat man früher wirklich geglaubt, dass der Storch die Babies bringt", sagt Sonja.

„Ich hab' neulich in der Zeitung gelesen, dass vielleicht wirklich etwas dran ist an der Geschichte mit den Störchen und den Babies. Ich habe die Seite extra herausgeschnitten", schaltet sich Sonjas und Martins Vater in das Gespräch ein.

Beweist die Zeitungsmeldung, dass die Störche etwas mit den Babys zu tun haben?

In Niedersachsen ist in den Jahren von 1970 bis 1985 der Storchenbestand gleichmäßig zurückgegangen. Gleichzeitig ist auch die Zahl der Geburten zurückgegangen. In der Zeit zwischen 1985 und 1995 war die Zahl der Störche etwa gleich. Genauso ist auch die Zahl der Geburten in dieser Zeit etwa gleich geblieben.

In Berlin wurden von 1990 bis 2000 immer mehr Kinder geboren. Gleichzeitig konnte man im Berliner Umland immer mehr Störche fliegen sehen.

„Natürlich haben die Babies und die Störche nichts miteinander zu tun. Dass sich in den Regionen die Zahl der Störche und die Zahl der Babies ähnlich verändert haben, ist reiner Zufall", gibt der Vater von Sonja und Martin zu.

„Aber ein merkwürdiger Zufall ist es schon", meint Sonja.

„Ja, wenn wir fest davon überzeugt wären, dass Störche die Babies bringen, würden diese Zahlen uns ermutigen, weiter daran zu glauben. Und trotzdem lägen wir völlig daneben."

„Aber wieso schreiben die Zeitungen so einen Untug?" möchte Martin wissen.

Daraufhin erklärt der Vater, dass es in dem Zeitungsartikel genau darum ging, vor vorschnellen Schlussfolgerungen aus statistischen Daten zu warnen.

In dem Zeitungsartikel werden noch mehr Beispiele erwähnt:

Männer mit weniger Haaren verdienen mehr Geld.
Also sollte sich doch jeder Mann eine Glatze schneiden lassen, oder?

Es sterben mehr Menschen im Krankenhaus als zuhause.
Also sollte man doch lieber gar nicht ins Krankenhaus gehen, oder?

Wie kann es sein, dass in beiden Beispielen der erste Satz richtig ist, dass aber die Schlussfolgerung falsch ist?

Es kann passieren, dass du als Forscher trotz sorgfältiger Arbeit und richtigen Daten zu falschen Schlussfolgerungen kommst. Um dies zu verhindern, versuchst du genau zu unterscheiden zwischen dem, was Daten aussagen und den Schlussfolgerungen, die daraus gezogen werden.

Die rätselhafte Blase

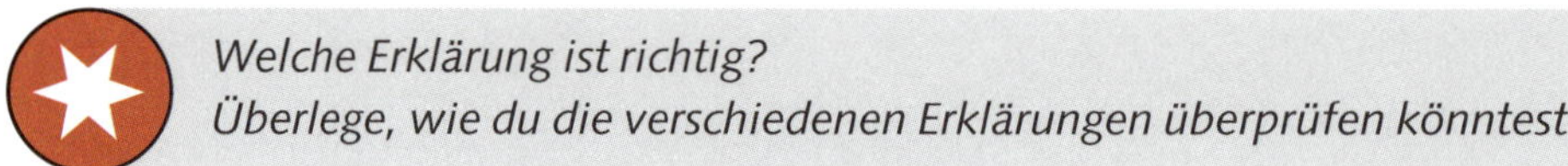

Welche Erklärung ist richtig?
Überlege, wie du die verschiedenen Erklärungen überprüfen könntest.

Marie sitzt mit ihren Eltern am Mittagstisch. Ihr Vater mag seine Suppe gern etwas schmackhafter als die anderen und würzt sie deshalb immer mit flüssiger Würze nach. Für Marie ist das jedes Mal ein Spaß. Sie hat beobachtet, dass sich nach dem Ausgießen an der Öffnung der Flasche ein kleiner Film bildet. Wenn sie kräftig mit den Händen auf die Flasche drückt, kann sie kleine Blasen machen, die dann zerplatzen.

Marie glaubt, die Blase entsteht dadurch, dass sie mit den Händen die Flasche ein kleines Stück zusammendrückt. Paul erklärt ihr, dass es unwichtig sei, wie stark man drückt. Die Flasche könne man mit den Händen gar nicht zusammendrücken. Tatsächlich entstehe die Blase, weil sich die Luft in der Flasche erwärmt und ausdehnt. Da die Luft nur aus der Öffnung heraus kann, bildet sich hier eine Blase.

„Und woher weißt du das so genau?" fragt Marie. „Naja, das weiß ich eben, aber ich kann es dir auch mit Experimenten beweisen", sagt Paul.

Paul zeigt Marie zwei Versuche, bei denen man sieht, dass Luft sich beim Erwärmen ausdehnt. Und Marie muss zugeben, dass die Versuche sie überzeugen.

1. Idee:

Wenn die Blasen durch Ausdehnung der Luft entstehen, dann muss sich Luft beim Erwärmen ausdehnen.

Versuch 1:
Stülpe einen Luftballon über eine leere Flasche. Halte die Flasche eng an deinen Körper, z. B. unter deine Jacke. Der Ballon soll dabei raus gucken.
Beobachte, was mit dem Ballon passiert.

Meine Beobachtungen:

Versuch 2:

Blase einen Luftballon auf. Miss an der dicksten Stelle des Ballons mit einem Maßband den Umfang aus. Zeichne die Lage des Maßbandes mit einem Filzstift am Ballon an.

Halte den Ballon für einige Zeit in den warmen Luftstrom eines Haarföns. Miss noch einmal an der markierten Stelle den Umfang des Ballons.

Meine Beobachtungen:

Mein Ergebnis:

„Aber es könnte doch auch sein, dass beides eine Rolle spielt: Die Ausdehnung der Luft und das Zusammendrücken der Flasche", sagt Marie. Paul zeigt ihr deshalb noch einen Versuch.

2. Idee:

Wenn die Blasen durch das Zusammendrücken der Flasche entstehen, müsste auch dann eine Blase entstehen, wenn die Flasche bis oben mit Wasser gefüllt ist.

Versuch:

Fülle eine leere Flasche, in der vorher Flüssigwürze war, bis zum Rand voll mit Wasser. Drücke die Flasche so fest wie möglich mit beiden Händen zusammen. Was passiert?

Meine Beobachtungen:

Mein Ergebnis:

Dieses Experiment widerlegt die Erklärung, die Flasche werde zusammengedrückt. Als Letztes zeigt Paul Marie, dass nicht das Drücken auf die Flasche die Blase macht, sondern die Wärme, die dabei auf die Flasche übertragen wird.

3. Idee:

Wenn die Blase entsteht, weil sich die Luft in der Flasche durch Erwärmung ausdehnt, dann müsste beim Erwärmen der Flasche ganz von allein eine Blase entstehen.

Versuch:
Stelle die Flasche in ein Gefäß mit warmem Wasser. Was beobachtest du?

Meine Beobachtungen:

Mein Ergebnis:

Marie ist jetzt restlos überzeugt. Sie hat nicht nur verstanden, dass ihre alte Erklärung falsch war, sondern auch, worauf es wirklich ankommt, nämlich dass mit den Händen möglichst viel Wärme auf die Flasche übertragen wird. Und das passiert immer dann, wenn man kräftig drückt. Ihre Beobachtung, dass man mit kräftigem Drücken eine Blase machen kann, war also völlig richtig, aber ihre Schlussfolgerung daraus war falsch.

Mit Experimenten überzeugen

Um Marie davon zu überzeugen, dass ihre Schlussfolgerung falsch und seine Schlussfolgerung richtig ist, geht Paul genauso vor wie ein Forscher:

Wie Paul vorgeht, um Marie zu überzeugen:	Wie Forscher vorgehen, um andere zu überzeugen:
Paul führt andere Versuche vor, die zeigen, dass sich Luft bei Erwärmung ausdehnt.	Es werden andere Phänomene und Beispiele angeführt, die für die eigene Erklärung sprechen.
Paul zeigt: Füllt man die Flasche mit Wasser und drückt sie zusammen, läuft kein Wasser über. Auch ohne Drücken entstehen Blasen, wenn man die Flasche in warmem Wasser erwärmt.	Es werden Experimente ausgedacht und durchgeführt, die der anderen Erklärung widersprechen. Lücken in der anderen Erklärung werden aufgezeigt.
Durch kräftiges Drücken wird nicht die Flasche zusammengedrückt, aber es wird die Wärme von den Händen dabei gut übertragen.	Die Beobachtungen, die zur alten Erklärung geführt haben, werden mit der neuen Erklärung neu gedeutet.

Übrigens:
In der Wissenschaft kommt es oft vor, dass man sich nicht einig wird, ob die neue Erklärung den Ausgang der Experimente besser beschreibt als die alte. Ein Streit über die beste Erklärung kann sich deshalb manchmal über viele Jahre hinziehen.

Welche Schlussfolgerung ein Forscher aus einem Experiment zieht, hängt auch davon ab, was er erwartet und vermutet. Wenn du eine Beobachtung anders interpretierst als andere Forscher, sucht ihr gemeinsam nach einem Experiment, mit dem sich überprüfen lässt, welche Erklärung richtig ist.

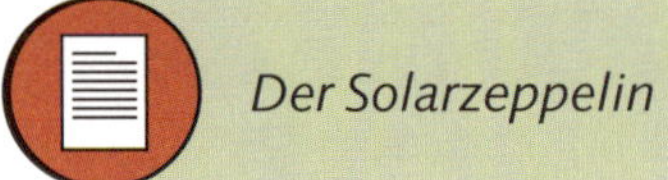

Der Solarzeppelin

Der Solarzeppelin sieht aus wie ein großer Zeppelin. Er besteht aus einem 3 m langen Schlauch aus dünner schwarzer Plastikfolie. Um den Solarzeppelin steigen zu lassen, verschließt man ein Ende des Schlauchs mit einer Schnur, lässt etwas Luft hineinströmen und verschließt auch das andere Ende. Dann legt man den Schlauch in die Sonne und befestigt an einem Ende noch eine feste Leine.

Nach einer Weile kann man beobachten, dass der Schlauch ganz dick und prall wird und wie eine Wurst aussieht. Irgendwann kommt dann der entscheidende Moment: Der Solarzeppelin steigt in die Luft.

Das Material für einen Solarzeppelin und eine Anleitung zum Zusammenbauen kannst du im Internet bestellen: **www.dieters-holzspielzeug.de**

Den Solarzeppelin kannst du nur bei Sonne und Windstille steigen lassen.

Warum steigt der Solarzeppelin auf? Du findest hier drei verschiedene Erklärungen dazu. Überlege dir Experimente, um die Erklärungen zu überprüfen.

a) Die Luft dehnt sich aus. Warme Luft steigt nach oben und nimmt den Sack mit. Man könnte den Versuch auch mit einem beliebigen anderen dünnen Sack durchführen.

b) Es ist ganz wichtig, dass der Sack schwarz ist: Schwarz zieht Wärme an. Die Wärme sammelt sich im Sack und treibt ihn dann nach oben.

____

____

____

____

____

____

c) Wenn der Sack in der Sonne liegt, bläht sich der Sack mit Luft auf. Viel Luft lässt den Sack nach oben treiben. Das ist in Wasser genauso. Luft treibt die Dinge nach oben.

____

____

____

____

____

____

Schlussfolgerungen diskutieren

Ist Hefe ein Lebewesen?

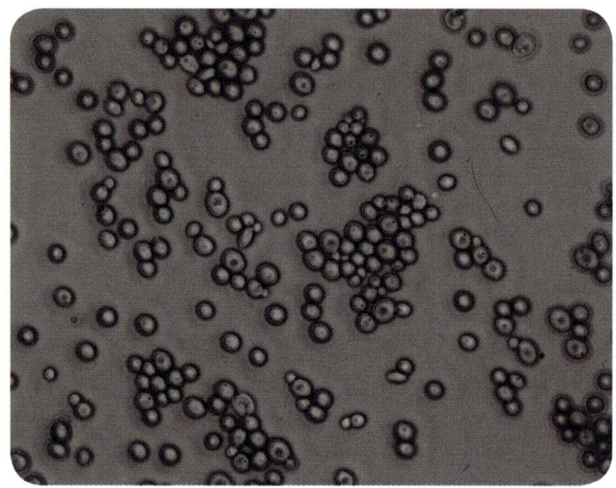

So sieht Hefe aus, wenn du sie unter dem Mikroskop betrachtest.

Bestimmt hast du schon einmal beim Pizza machen zugesehen oder selbst einen Kuchen gebacken. Damit der Teig schön locker wird, gibt man Backpulver oder Hefe dazu. Hefe ist ein Pilz. Man kann sie in kleinen Würfeln im Supermarkt kaufen oder auch als Trockenhefe in einem Tütchen. Ein Hefeteig muss vor dem Backen mehrfach „gehen". Das heißt, man muss warten, bis der Teigkloß auf die doppelte Größe angewachsen ist. Der Teig wird dabei natürlich nicht mehr. Es bilden sich nur Gasbläschen, die den Teig zusätzlich ausfüllen. Knetet man den Teig danach durch, wird er wieder klein.

Aber wie entstehen die Gasblasen? Mit Versuchen lässt sich zeigen, dass Gasblasen nur entstehen, wenn außer Wasser noch Mehl oder Zucker vorhanden sind.

Im NW-Unterricht einer 6. Klasse meinten einige Schülerinnen und Schüler, Hefe sei doch ein Pilz, also so etwas wie ein Lebewesen. Vielleicht könnten die Gasblasen so etwas sein, wie die Atemluft der Hefe.

Andere meinten, wahrscheinlich würden die Gasblasen ganz ähnlich entstehen wie auch beim Brausepulver Gasblasen entstehen. Brausepulver sei aber ganz bestimmt kein Lebewesen.

 Welche Meinung vertrittst du?

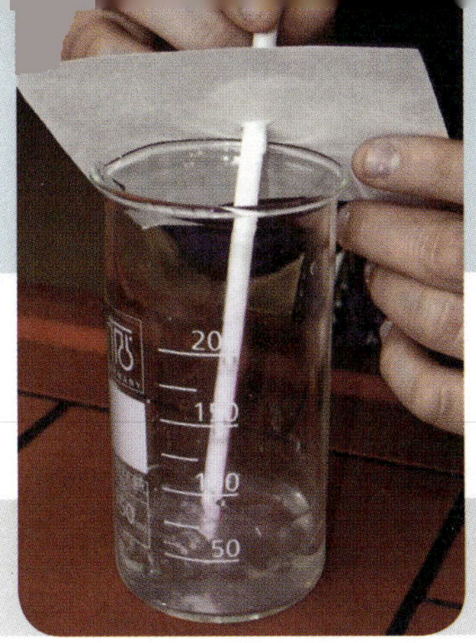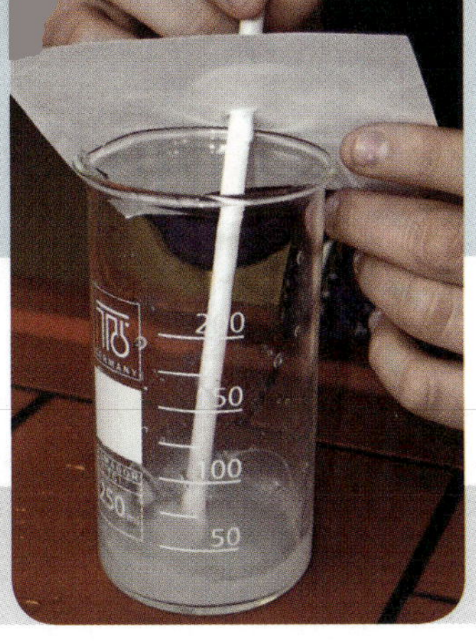

Kalkwasser ist eine klare, farblose Flüssigkeit. Sie wird milchig und trüb, wenn du ausgeatmete Luft hineinpustest.

Beide Gruppen haben Experimente durchgeführt, um ihre Vermutungen zu überprüfen und zu bestätigen.

	Gruppe 1	Gruppe 2
	„Hefe ist ein Lebewesen"	„Hefe ist eine Chemikalie, genauso wie Backpulver"
Idee:	Wenn dasselbe Gas entsteht wie beim Ausatmen ist ein Hefe ein Lebewesen.	Wenn dasselbe Gas entsteht wie beim Backpulver, ist Hefe eine Chemikalie.
Beobachtung:	Wenn man Hefe mit Wasser und Mehl vermischt, entsteht ein Gas. Dieses Gas trübt Kalkwasser.	Wenn man Backpulver mit Wasser vermischt, entsteht ein Gas. Dieses Gas trübt Kalkwasser.
Interpretation:	Es muss dasselbe Gas entstehen wie beim Ausatmen. Hefe ist deshalb ein Lebewesen.	Es muss dasselbe Gas entstehen wie bei Backpulver. Hefe ist deshalb kein Lebewesen, sondern eine Chemikalie wie Backpulver.

 Welche Gruppe hat Recht?

Mit so einem Versuchsaufbau kannst du das entstehende Gas in Kalkwasser leiten.

Es kommt auch in der Wissenschaft vor, dass Forscher aus Experimenten falsche Schlussfolgerungen ziehen oder ein Experiment durchführen, mit dem die Ausgangsfrage nicht beantwortet werden kann. Um dich als Forscher vor falschen Schlussfolgerungen zu schützen, ist es wichtig, mit anderen Forschern über die Ergebnisse von Experimenten und die Schlussfolgerungen daraus zu diskutieren.

Interpretieren wie ein Forscher:

Wenn du Beobachtungen und Messergebnisse interpretierst, überlegst du genau, was dir die einzelnen Beobachtungen zeigen. Schreibe auf, wie du vorgehst, indem du die Fragen beantwortest.

Wie gelangt du von deinen Beobachtungen zu einer Schlussfolgerung? Wie kannst du überprüfen, ob deine Erklärung richtig ist?

Die folgenden Stichwörter sollen dir dabei helfen.

Frage

Zusammenhang

alle Beobachtungen

Schlussfolgerungen

Experimente

was Daten aussagen

Ergebnisse vergleichen

verschiedene Erklärungen überprüfen

diskutieren

bekannte Erklärungen

Bedeutung

Interpretieren bedeutet für mich:

Beobachten

Messen

Ordnen

Experimentieren

Dokumentieren

Interpretieren

Modelle

7 | Modelle

Wenn ein Forscher etwas anschaulich erklären oder eine Naturerscheinung verdeutlichen möchte, benutzt er oft ein Modell. Modelle dienen dazu, Kompliziertes zu vereinfachen und zu erklären. Häufig hat das Modell nicht sehr viel Ähnlichkeit mit dem Original, weil nur einzelne Eigenschaften des wirklichen Gegenstandes gezeigt werden.

In diesem Kapitel lernst du unterschiedliche Modelle kennen. Du erfährst, was jedes Modell besonders verdeutlichen soll und wozu du es benutzt. Außerdem bekommst du Hinweise, wie du vorgehen kannst, wenn du selbst ein Modell entwickeln willst und worauf du dabei achten musst.

Die Wirklichkeit nachbilden

Holz oder Märklin

Philipp: „Ich wünsche mir zum Geburtstag eine Modelleisenbahn!"

Kevin: „Das ist doch was für kleine Kinder! Ich hatte früher auch eine, die hat jetzt meine kleine Schwester."

Philipp: „Eine mit Gleichstrom oder mit Wechselstrom?"

Kevin: „Wieso Strom? Das ist eine Eisenbahn mit Holzschienen und so kleinen Wagen, die mit Magnetkupplung aneinander gehängt werden!"

Philipp: „Aber das ist doch keine Modelleisenbahn!"

Kevin: „Wieso denn nicht? Die Lok hat Räder und kann fahren, sie sieht ganz ähnlich aus wie eine richtige Lok!"

Philipp: „Pah! Mein Opa hat eine richtige Sammlung von Märklin-Loks. Die sehen genau aus wie die richtigen Loks. Da werden auch die Räder wie in echt angetrieben."

Kevin: „Ach ja? Wird da wirklich Kohle drin verbrannt?"

Philipp: „Natürlich nicht, ist doch elektrisch!"

Kevin: „Dann ist es doch keine richtige Modell-Lok! Oder meine aus Holz ist auch eine!

Warum meint Philipp, dass nur Märklin-Eisenbahnen richtige „Modell"-Eisenbahnen sind? Wer hat Recht? Ein Naturwissenschaftler würde beiden Jungen Recht geben, weil beide Modell-Loks Eigenschaften einer richtigen Lok zeigen.

Welche Eigenschaften einer richtigen Lok zeigen die beiden Modell-Loks?

Welche Eigenschaften einer Lokomotive haben die beiden Modell-Loks nicht?

Modell-Autos im Vergleich

Vergleiche die verschiedenen Modellautos. Welche Eigenschaften haben sie? Was soll jedes Modell besonders verdeutlichen?

Modell	Kann es fahren?	Hat es einen Motor?	Lässt es sich lenken?	Sieht es aus wie ein richtiges Auto?	Hat es eine Bremse?	Hat es Scheinwerfer?	Lässt sich eine Tür öffnen?	Was soll besonders gezeigt werden?
Lego-Auto								
Matchbox-Auto								
Ferngesteuertes Modellauto								
Bobbycar								
Seifenkiste								
Greifling-Auto								

Als Forscher weißt du, dass ein Modell immer nur einzelne Eigenschaften des wirklichen Gegenstandes zeigt. Manche Modelle beschäftigen sich mehr mit dem Aussehen und dem Aufbau, andere verdeutlichen stärker die Arbeitsweise und die Funktionen.

Ein Modell für die Welt

Sieh dir die beiden Bilder an.
Welche Vorstellungen von der Welt zeigen die beiden Modelle?

In vielen Regionen der Welt stellte man sich vor, dass die Sonne während der Nacht mit einem Schiff auf die andere Seite der Welt zurückgebracht wird. Wir kennen diese alten Erklärungen, weil es Darstellungen und Modelle davon gibt, z. B. von einer Sonnenbarke bei den alten Ägyptern.

Heute weiß man, dass Tag und Nacht dadurch entstehen, dass sich die Erde um ihre eigene Achse dreht. Dieses Wissen ist aber erst ein paar hundert Jahre alt. Vorher sahen die Menschen nur, dass die Sonne morgens im Osten aufging und abends im Westen wieder unterging. Sie fragten sich, wo die Sonne wohl während der Nacht war. Als Antwort auf diese Frage entwickelten sie unterschiedliche Modelle: Sie stellten sich die Erde als Scheibe vor, mit dem sternenbestückten Himmelsgewölbe darüber und einem Schiff, das die Sonne nach ihrem täglichen Himmelslauf über Nacht wieder an ihren Ausgangspunkt fährt.

Himmelsscheibe von Nebra

Vorstellung von der Welt
vor 4000 Jahren im Modell

Auf dem linken Foto siehst du die Himmelsscheibe von Nebra. Diese Bronzescheibe wurde 1999 in Sachsen-Anhalt nahe dem Ort Nebra gefunden. Sie ist ungefähr 3600 Jahre alt und ist das älteste Himmelsmodell, das man kennt.
Auf dem rechten Foto siehst du, welches Modell die Forscher daraus entwickelt haben. Es zeigt die Vorstellung von der Welt vor 4000 Jahren.

Welche Darstellungen auf der Himmelsscheibe von Nebra findest du im Modell wieder?

Du erkennst die Erde als Scheibe , die Sterne, den Mond und die Sonne am Himmel.
Am unteren Rand bzw. linken Bereich ist die Sonnenbarke, der helle Bereich rechts stellt den Sonnenaufgang dar.

Die Bewegung der Himmelskörper

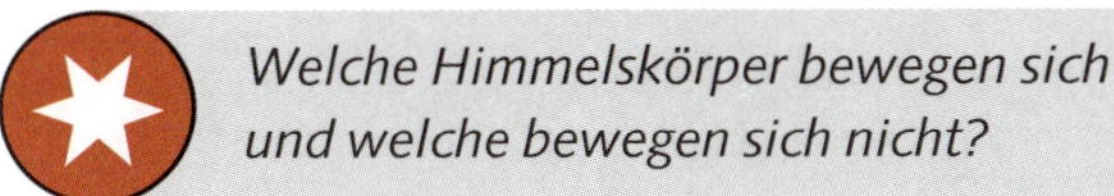

Welche Himmelskörper bewegen sich und welche bewegen sich nicht?

In dem Theaterstück „Das Leben des Gallilei" von Bertold Brecht erklärt der berühmte Naturwissenschaftler Galileo Galilei dem Sohn seiner Hauswirtin die Bewegung der Erde um die Sonne und das Zustandekommen von Tag und Nacht.

Galilei: „Hast du, was ich dir gestern sagte, inzwischen begriffen?"

Andrea: „Was? Das mit dem Kippernikus seinem Drehen?"

Galilei: „Ja."

Andrea: „Nein, Warum wollen Sie denn, dass ich es begreife? Es ist sehr schwer, und ich bin im Oktober erst elf."

Galilei: „Ich will gerade, dass auch du es begreifst. Dazu, dass man es begreift, arbeite ich und kaufe die teuren Bücher, statt den Milchmann zu bezahlen."

Andrea: „Aber ich sehe doch, dass die Sonne abends woanders hält als morgens. Da kann sie doch nicht stillstehn! Nie und nimmer."

Galilei: „Du siehst! Was siehst du? Du siehst gar nichts. Du glotzt nur. Glotzen ist nicht sehen. *Er stellt den eisernen Waschschüsselständer in die Mitte des Zimmers.* Also das ist die Sonne. Setz dich." *Andrea setzt sich auf einen Stuhl. Galilei steht hinter ihm.* „Wo steht die Sonne, rechts oder links?"

Andrea: „Links."

Galilei: „Und wie kommt sie nach rechts?"

Andrea: „Wenn Sie sie nach rechts tragen, natürlich."

Galilei: „Nur so?" – *Er nimmt ihn mitsamt dem Stuhl auf und vollführt mit ihm eine halbe Drehung. –* „Wo ist jetzt die Sonne?"

Andrea: „Rechts."

Galilei: „Und hat sie sich bewegt?"

Andrea: „Das nicht."

Galilei: „Was hat sich bewegt?"

Andrea: „Ich"

Galilei brüllt: „Falsch! Dummkopf! Der Stuhl!"

Andrea: „Aber ich mit ihm!"

Galilei: „Natürlich. Der Stuhl ist die Erde. Du sitzt drauf."

Textauszug aus dem Theaterstück von Bertold Brecht: Leben des Galilei, 1. Bild Edition Suhrkamp, Berlin 1981 (Frankfurt 1962)

Galilei lebte von 1564 – 1642 in Italien. Er versuchte, die Vorstellungen und Erkenntnisse von Kopernikus wissenschaftlich zu beweisen. Nikolaus Kopernikus hatte 100 Jahre früher ein neues „Weltbild" entwickelt, bei dem nicht mehr die Erde im Mittelpunkt stand, sondern die Sonne.

Als Forscher entwickelst du ein Modell, dass die Vorstellungen zu einem Sachverhalt, z. B. einer Naturerscheinung veranschaulicht. Es kommt vor, dass andere Forscher neue Erkenntnisse gewinnen, die im Widerspruch zu dem ursprünglichen Modell stehen. Dann muss das Modell noch einmal verbessert oder verändert werden.

Naturerscheinungen erklären

Sonne und Erde im Modell

Das heutige Wissen über die Entstehung von Tag und Nacht kannst du mit einem einfachen Modell veranschaulichen.

Baue selbst ein Modell, in dem du unser heutiges Wissen von Sonne und Erde, Tag und Nacht darstellst. Stelle einen Globus und eine Lampe mit einem Abstand von ca. 50 Zentimeter nebeneinander auf und bewege den Globus (wie in der Abbildung gezeigt) um die Lampe.

Vergleiche dieses Modell mit dem Modell von Galileo Galilei: Welcher Sachverhalt wird in beiden Modellen dargestellt und erklärt? Was wird in beiden Modellen nicht berücksichtigt?

____

____

____

____

____

Entwirf ein Model von Erde und Mond, in dem die Größenverhältnisse von Mond und Erde dargestellt sind. Das Modell soll auf eine DIN A4-Seite passen. In welchem Maßstab musst du jeweils den Durchmesser und den Abstand der beiden Himmelskörper verkleinern?

Zur Information:
Durchmesser
- der Erde:
  1 2746 km
- des Mondes:
  3 476 km

Abstand Mond-Erde:
384 405 km

Angegeben sind die mittleren Durchmesser und der mittlere Abstand von Erde und Mond.

Entfernungen im Sonnensystem

*Was zeigt dieses Modell im Unterschied
zu den beiden anderen Modellen besonders gut?*

Im Park „Karlsaue" in Kassel findest du ein ganz besonderes Modell von Sonne, Erde und
den anderen Planeten.

**Die gelbe Scheibe über der Eingangstür
soll die Sonne darstellen, die in den Sockel
eingelassene kleine Metallkugel soll die
Erde darstellen.**

**Noch weiter entfernt (ungefähr 450 m)
findest du den „Planeten" Mars als
kleine Metallkugel.**

Das Modell des Sonnensystems ist maßstabsgetreu: Das Verhältnis der Durchmesser von
Sonne, Erde und den anderen Planeten und ihre Abstände sind im gleichen Maßstab verkleinert. Die Sonnenscheibe ist ca. 2,8 m groß, etwa 300 m davon entfernt ist die Erde
nur eine Kugel von wenigen Zentimetern Durchmesser. Weil die Entfernungen im
Sonnensystem so groß sind, erstreckt sich das Modell über den ganzen Park.

Wenn du als Forscher einen Vorgang mit einem Modell darstellen willst, dann kommt
es nicht darauf an, welche Gegenstände du für das Modell benutzt, und auch nicht unbedingt, ob die Größenverhältnisse stimmen.Du überlegst genau, welche Informationen
wichtig sind, um den Sachverhalt zu verstehen und welche Informationen du weglassen
darfst, ohne dass der Sachverhalt falsch dargestellt wird.

Bau und Funktion

Wie Lunge und Zwerchfell arbeiten

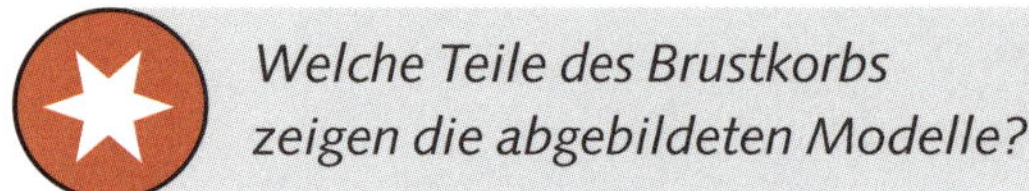

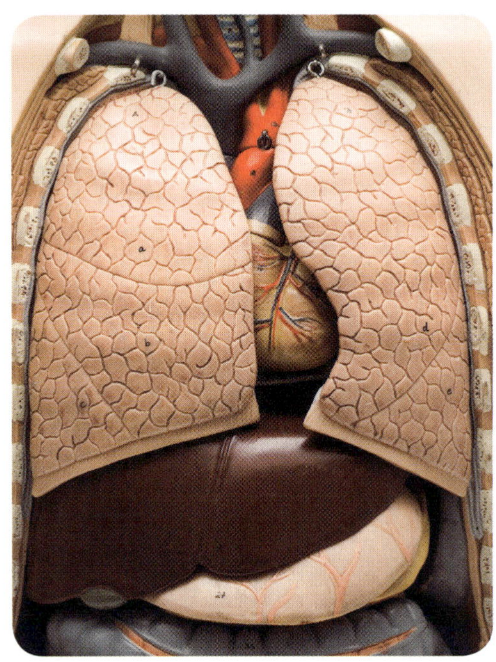

Auf dem Foto siehst du das Modell eines Torsos. Kennst du so ein Modell aus deinem Biologieunterricht? Es zeigt die Lage der Organe im Brustkorb des Menschen, gleichzeitig auch ihre Form und Größe. Alle Organe sind ungefähr genau so groß wie in Wirklichkeit.

Suche auf dem Foto nach der Lunge und dem Zwerchfell. Wo liegen die beiden Organe in deinem eigenen Körper?

Auch das zweite Modell zeigt den Brustkorb eines Menschen. Wie werden in diesem Modell die Lungenflügel dargestellt und wie das Zwerchfell?

Im Unterschied zum geöffneten Torso soll dieses Modell zeigen, wie die Lunge arbeitet.

Flaschen-Luftballon-Modell der Atmung

Baue selbst ein Modell des menschlichen Brustkorbs. Finde heraus, wie es funktioniert und welche Eigenschaften der Lunge es zeigen soll.

So baust du das Modell:

- Trenne den Boden der Flasche mit einem Messer waagerecht ab. Achte darauf, dass an der Flasche eine möglichst gleichmäßige Schnittkante entsteht.
  Vorsicht: Verletzungsgefahr! Arbeite beim Schneiden mit möglichst wenig Kraft.
- Schneide von einem der beiden Ballons das obere Drittel ab. Stülpe den Rest über die neue, große Öffnung der Flasche. Klebe ihn mit Klebeband rundherum fest. Das Mundstück des Ballons sollte mittig sitzen und muss mit einem Bindfaden zugebunden werden.
- Fasse das Glasröhrchen nahe an einem seiner beiden Enden (sonst Bruchgefahr!) und schiebe dieses Ende von unten durch den Gummistopfen, bis es oben etwa 2 cm aus dem Stopfen herausragt.
  Vorsicht: Statt Gewalt besser Seife als Schmiermittel einsetzen!
- Befestige das Mundstück des zweiten Luftballons mit einem Gummiband luftdicht am unteren Ende des Glasröhrchens.
- Schiebe das Röhrchen mit dem Ballon zuerst durch den Flaschenhals und befestige es mit dem Stopfen. Fertig ist das Modell!

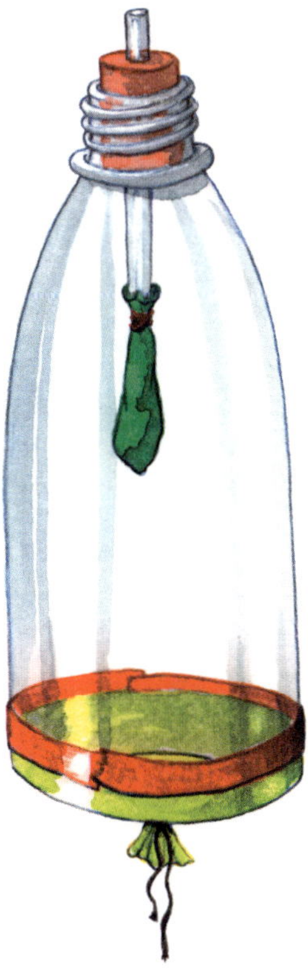

Was passiert mit dem Ballon in der Flasche, wenn du die Ballonhaut unten an der Flasche nach unten ziehst?

Du brauchst:
- 1 durchsichtige Plastikflasche (1-2 l)
- 1 Glasröhrchen (15 cm lang)
- Bindfaden
- Schere, Küchen- oder Teppichmesser
- 2 Luftballons (die du vor der Benutzung schon einmal aufgeblasen hast)
- 1 durchbohrten Gummistopfen (oder Knetmasse)
- Gummibänder
- Paketklebeband

Wenn du als Forscher ein Funktionsmodell baust, überlegst du, welche Teile des Originals dargestellt werden sollen. Du weißt, welche Funktion diese Teile im Original haben. Dann suchst du dir geeignete Teile und geeignete Materialien, mit denen du arbeiten willst. Alles, was für den zu erklärenden Sachverhalt keine Rolle spielt, lässt du weg. Je einfacher und klarer dein Modell ist, desto besser.

Bau und Funktion

So funktioniert die Lunge

 Vergleiche die Teile des Modells mit den Teilen des menschlichen Torsos. Ordne dabei die folgenden Begriffe richtig in die Tabelle ein:

> **!**
>
> Das Flaschen-Luftballon-Modell ist ein **Funktionsmodell**. Es zeigt, wie etwas funktioniert. Ein Modell, dass zeigt wie etwas aufgebaut ist, heißt **Strukturmodell**.

Funktionsmodell	Menschlicher Torso
Plastikflasche	
Glasröhrchen	
Innerer Luftballon	
Aufgeschnittener Luftballon als Flaschenboden	

Findest du eine Entsprechung für alle Teile? Welche Teile des Originals fehlen im Modell? Welche Funktion haben die Teile? Hat das Modell zusätzliche Eigenschaften, die das Original nicht hat?

Beurteile, das Flaschen-Luftballon-Modell: Ist das Modell nahe am Original?

Stellt das Modell die Vorgänge bei der Atmung anschaulich dar?

Hat das Modell zusätzliche Eigenschaften, die das Original nicht hat?

Modelle können ganz anders aussehen als das Original, besonders dann wenn du als Forscher die Arbeitsweise des Originals verdeutlichen willst. Modelle können auch Teile enthalten, die keine Entsprechung beim Original haben.

Modelle bauen und überprüfen

Das Wirbelsäulenmodell

Überprüfe, ob das, was du am Beispiel des Flaschen-Luftballon-Modells über Funktionsmodelle gelernt hast auch für das Wirbelsäulenmodell gilt.

So baust du das Modell:
- Fädele die Nähgarnrollen und die Schaumstoffplatten immer abwechselnd auf den Faden auf.
- Verknote den Faden am Anfang und am Ende, so dass alle Nähgarnrollen in einer Reihe fest aufeinander sitzen.

Welche Funktion der Wirbelsäule zeigt dieses Modell?
Informiere dich in deinem Biologiebuch über den Aufbau der Wirbelsäule. Welchen Teilen des Originals entsprechen die Teile im Modell? Findest du eine Entsprechung für alle Teile? Welche Teile des Originals fehlen im Modell?

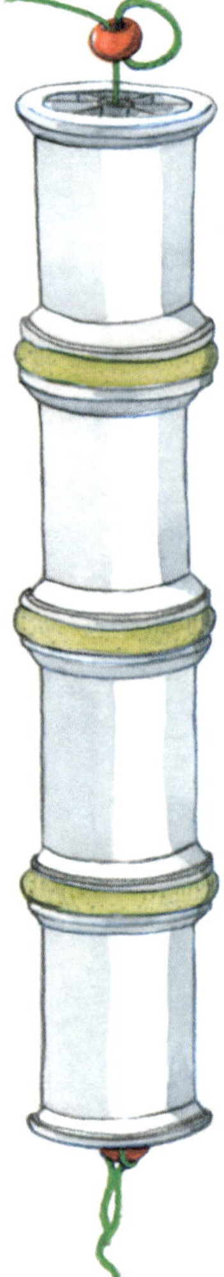

Du brauchst:
- einen Faden
- mehrere (leere) Nähgarnrollen
- Schaumstoff, aus dem du kreisförmige Platten ausschneidest

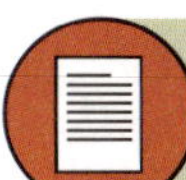 *Beuger und Strecker*

Überprüfe, ob das, was du am Beispiel des Flaschen-Luftballon-Modells über Funktionsmodelle gelernt hast auch für das Beuger-Strecker-Modell gilt.

So baust du das Modell:
- Schneide aus Pappkarton Teile für das Schulterblatt, den Oberarmknochen, den Unterarmknochen und die Hand aus.
- Verbinde die Teile für die Knochen wie in der Abbildung miteinander.
- Befestige schließlich die Gummibänder.

Was passiert bei der Bewegung des Unterarms?
Hättest du anstelle der Gummibänder auch Wollfäden
für das Modell verwenden können?

Informiere dich in deinem Biologiebuch über die Bewegung des Unterarms. Welchen Teilen des Originals entsprechen die Teile im Modell? Was zeigt dieses Modell?

Du brauchst:
- festen Pappkarton
- Gummibänder
  (2 x 15 cm,
  2 x 4 cm, 1 x 2 cm)
- 2 Spreizklammern

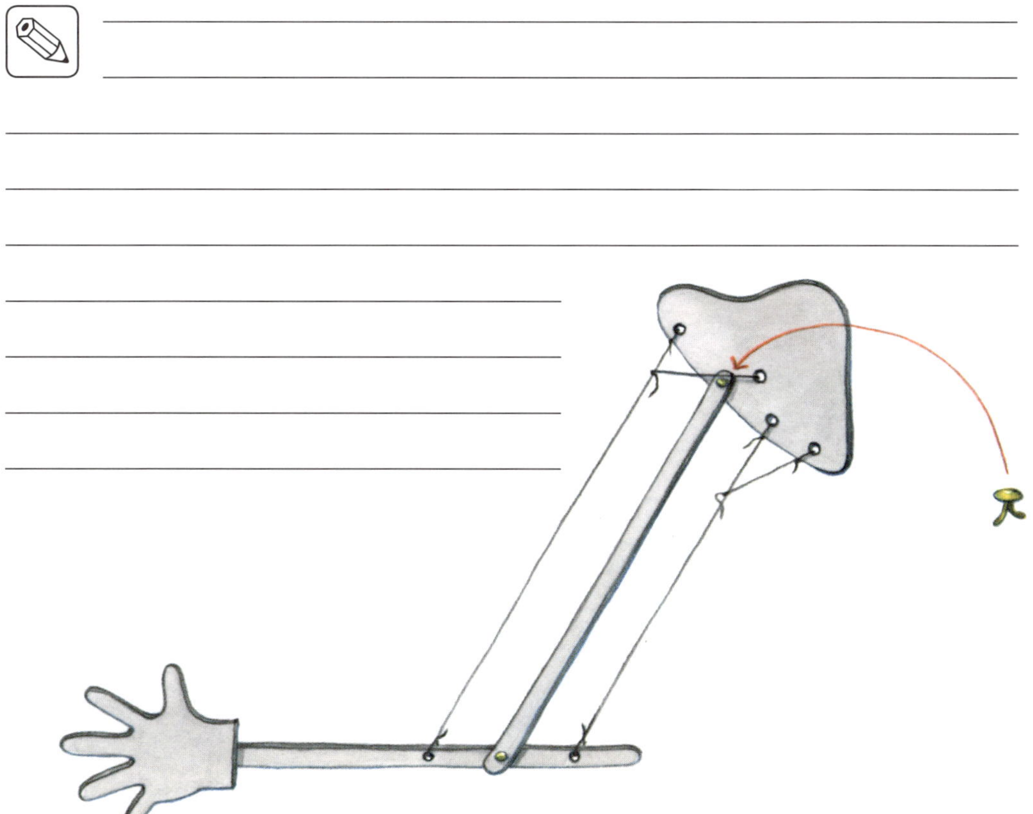

Modellversuche

Der Kreislauf des Wassers

 *Weißt du, wie Regen entsteht?*

Du brauchst:
- mehrere Eiswürfel
- Topf mit Deckel
- Becher

Mit Hilfe des folgenden Modellversuches kannst du erklären, wie Niederschläge entstehen:.

Du nimmst ein paar Eiswürfel aus dem Kühlschrank und gibst sie in einen Topf. Den Topf stellst du auf die Herdplatte und schaltest die Platte ein. Du beobachtest, dass das Eis schmilzt. Wenn du weiter erhitzt, fängt das Wasser an zu kochen und verdampft nach und nach. Wenn du den Deckel des Topfes über das offene Gefäß hältst, schlägt sich daran ein Teil des verdampften Wassers wieder nieder. Du kannst das Kondenswasser in einem Becher auffangen und wieder in den Kühlschrank stellen.

 Stelle deine Beobachtungen als Kreislauf dar.

Das Wasser _____________ .
Es entstehen Eiswürfel.

Die Eiswürfel _____________ .
Es entsteht _____________ .

Das Wasser _____________ .
_____________ .

Der _____________ schlägt sich am kalten Topfdeckel nieder und _____________ .
Es entsteht wieder _________ .

Vergleiche die Beobachtungen aus dem Modellversuch mit der Abbildung vom Wasserkreislauf. Findest du, dass der Modellversuch den Wasserkreislauf gut veranschaulicht?
Was zeigt der Modellversuch außerdem?

Du kannst den
Modellversuch auch
durchführen, wenn
du jemandem zeigen
möchtest, in welchen
Formen Wasser vor-
kommt: Eis, flüssiges
Wasser, Wasserdampf.

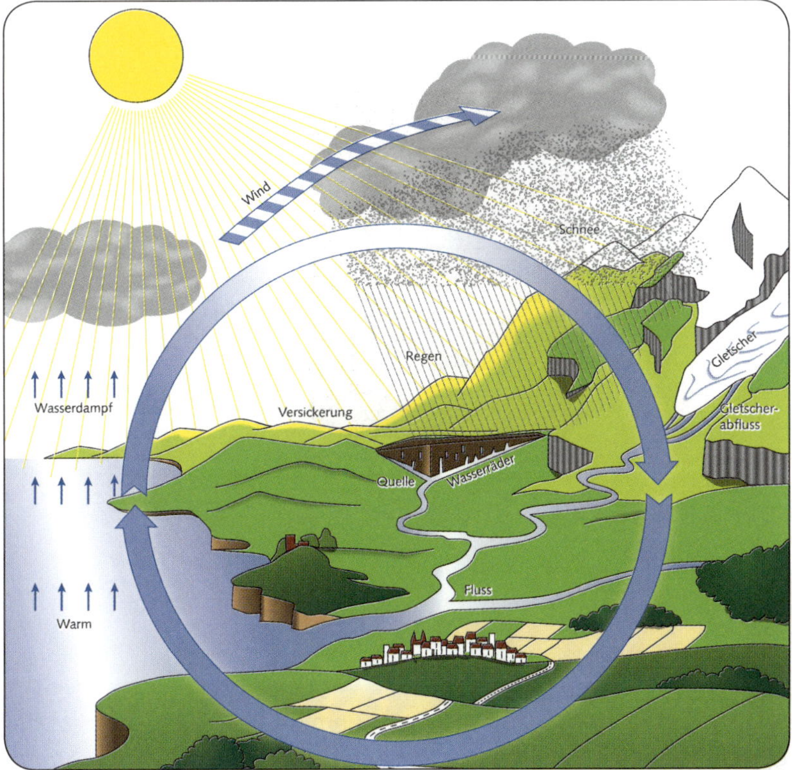

Warum muss man Energie in Form von Wärme
zuführen, um Wasser in Wasserdampf zu
verwandeln? Warum muss man dann wieder
Wärme entziehen, um den Wasserdampf in
Wasser zurück zu verwandeln?
Bei der Erklärung dieser Beobachtung hilft dir ein
weiteres Modell – **das Teilchenmodell** (S. 136).

Mit einem Modellversuch kannst du als Forscher zeigen,
wie ein Vorgang in der Natur abläuft.

Das Teilchenmodell

Alle Stoffe in deiner Umgebung sind aus kleinsten Teilchen aufgebaut. Diese Teilchen sind so klein, dass du sie nicht sehen kannst, auch nicht mit dem Mikroskop.

 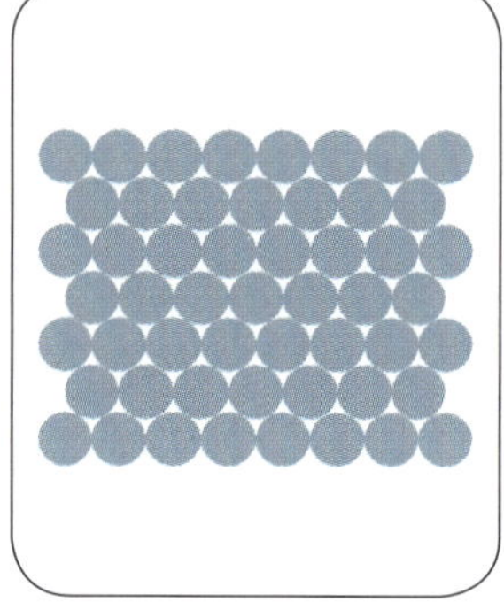

In einem **festen Stoff** wie Eis liegen die Teilchen dicht an dicht. Jedes Teilchen wird von den umgebenen anderen Teilchen an seinem Platz gehalten.
Die Teilchen sind nicht vollständig in Ruhe. Sie können ihren Platz aber nicht verlassen.

In einer **Flüssigkeit** wie Wasser liegen die Teilchen ebenfalls dicht an dicht. Sie können aber problemlos ihre Plätze untereinander tauschen, die Flüssigkeit können sie aber nicht verlassen. Wegen der leichten Verschiebbarkeit der Teilchen lassen sich Flüssigkeiten gießen, nehmen jede Gefäßform an und weichen beim Eintauchen fester Körper zur Seite aus.

 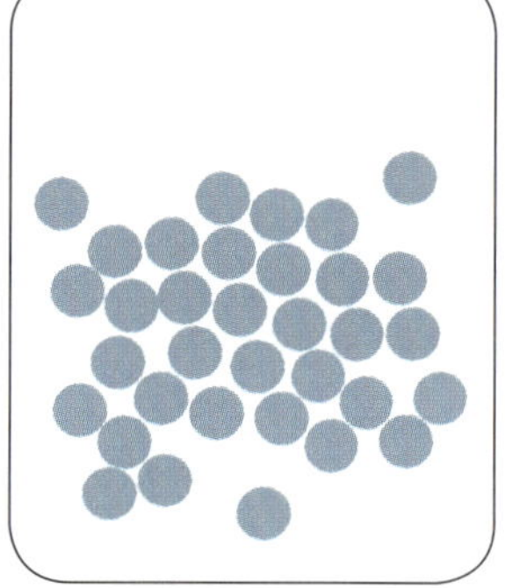

 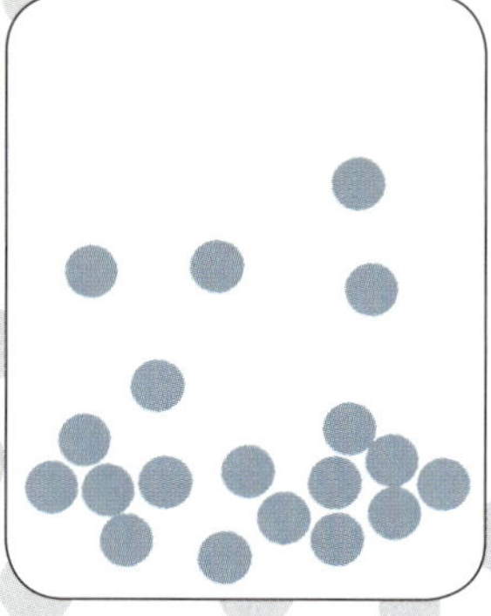

In einem **Gas** wie Wasserdampf bewegen sich die Teilchen mit großer Geschwindigkeit völlig unabhängig voneinander. Sie verteilen sich daher über den ganzen zur Verfügung stehenden Raum.

Eis, Wasser und Wasserdampf

Mit dem Teilchenmodell kannst du erklären, warum Eis bei Wärmezufuhr schmilzt und Wasser verdampft.

Wenn man den Eiswürfeln Wärme zuführt, dann erhalten die Teilchen zusätzlich Energie und können sich schneller bewegen. Die Wasserteilchen im Eis bewegen sich schließlich so schnell, dass sie ihre Plätze verlassen und flüssiges Wasser bilden.

Wenn man dem flüssigen Wasser mehr Wärme zuführt, dann …

Wenn man dem gasförmigen Wasserdampf Wärme entzieht, dann …

Wenn man dem flüssigen Wasser Wärme entzieht, dann …

Das Teilchenmodell

Plötzlich ist der Zucker weg

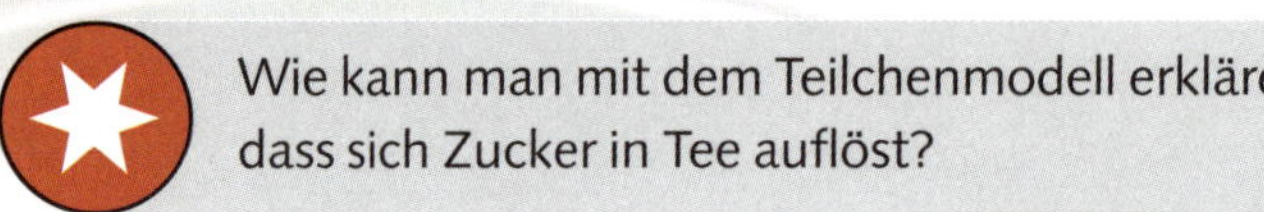

Erinnerst du dich an den Versuch aus Kapitel 1? Mit dem Teilchenmodell kannst du auch erklären, weshalb der Zucker im Tee verschwindet. Führe den Versuch noch einmal durch. Verwende Wasser anstelle von Tee und gib etwas Zucker in eine flache Schale mit Wasser. Lasse die Schale einige Tage auf der Fensterbank stehen. Was beobachtest du? Versuche, deine Beobachtungen mit dem Teilchenmodell zu erklären.

Weiße Kristalle bleiben zurück, wenn du eine Schale mit Zuckerwasser einige Tage auf die Fensterbank stellst

Das beobachtest du	So erklärst du es
Die Zuckerkristalle verschwinden im Wasser, der Zucker löst sich auf.	
Die Menge an Wasser wird immer weniger.	
Nach einem Tag sieht man weiße Kristalle.	

Das Teilchenmodell ist ein wichtiges Modell in den Naturwissenschaften. Als Forscher kannst du damit Vorgänge erklären, die auf der Bewegung von kleinsten Teilchen beruhen, z. B. das Lösen von Zucker in Wasser.

Modelle benutzen wie ein Forscher

Ein Modell sieht immer anders aus als das Original. Schreibe auf, welche unterschiedlichen Modelle du kennengelernt hast und was die verschiedenen Modelle veranschaulichen sollen? Was musst du bei der Arbeit mit Modellen beachten?
Du findest hier einige Stichwörter, die dir helfen können, die Fragen zu beantworten.

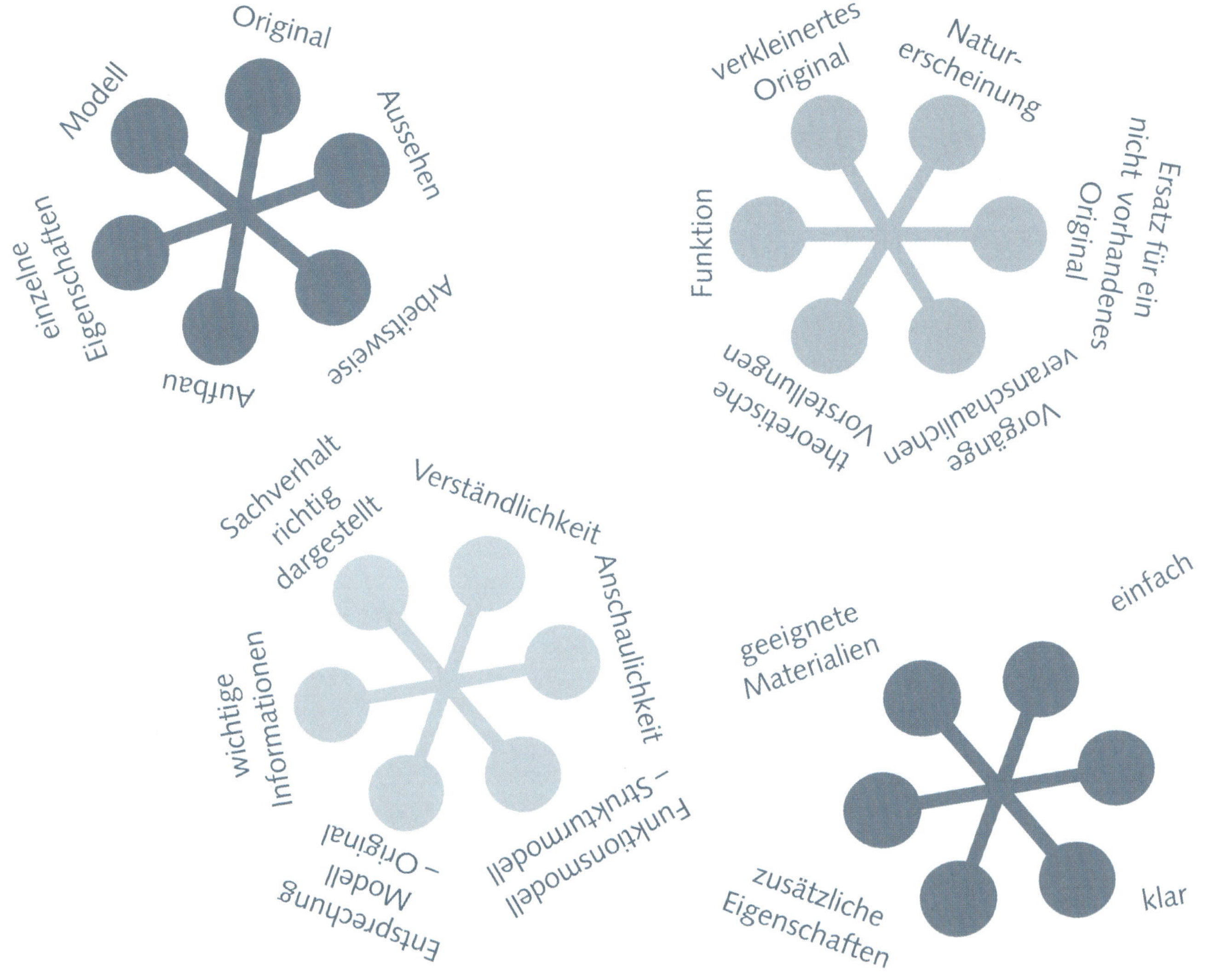

Beim Benutzen von Modellen, finde ich wichtig:

S. 16

Buchstaben unter dem Mikroskop
Durch die Vergrößerung des Mikroskops erkennst du, dass der Bleistift nur auf der Oberseite der Papierfasern abgerieben wird. Die kleinen Partikel der Bleistiftmine sind zu grob, als dass sie in die Zwischenräume der Fasern hineinreichen. Vieles, was für unser Auge als zusammenhängende Fläche oder Linie erscheint, ist bei Vergrößerung aus vielen kleinen Teilen zusammengesetzt.

S. 18

Große Ohren hören besser
Der Trichter eines Hörrohrs oder eines großen Ohres sammelt den Schall und bringt so „mehr Schall" zum Hörorgan, so dass auch leise Geräusche noch wahrgenommen werden können.

S. 20

Wie erstarrt Wachs?
Du hast sicher beobachtet, dass das Wachs vom Rand und vom Boden her fest wird. Das hängt damit zusammen, dass das Metall des Näpfchens die Wärme gut leitet. Außerdem dellt sich die Oberfläche der Wachsmasse beim Festwerden in der Mitte deutlich ein: Flüssiges Wachs hat ein größeres Volumen als festes Wachs. Am Rand haftet das Wachs am Metall, also „fehlt" am Ende in der Mitte der Wachsmasse etwas.

S. 21

Gleich oder ungleich?
Die Tischplatten sind genau gleich groß.

S. 21

Das schwitzende Blatt?
Du hast gesehen, dass sich auf der Innenseite der Plastiktüte kleine Wassertröpfchen gebildet haben. Das Wasser wird von den Blättern als Wasserdampf abgegeben und kondensiert dann innen an der Plastiktüte.

Messen

Messen – aber wie?

Wenn du nur ein Lineal zur Verfügung hast, kannst du den **Umfang eines Balls** nicht direkt messen. Lege stattdessen einen Bindfaden an der dicksten Stelle um den Ball und miss anschließend die Fadenlänge.

Du weißt sicher, dass man bei einem **Gewitter** nach einem Blitz die Sekunden zählen kann, bis man den Donner hört. Jeweils drei Sekunden bedeuten eine Entfernung von etwa einem Kilometer. Diese indirekte Messung beruht darauf, dass du das Licht praktisch im gleichen Moment siehst, wie der Blitz entsteht; der Schall des Donners braucht viel länger, um sich auszubreiten, nämlich 1 Sekunde für 330 Meter.

Das **Gewicht deiner Hand** kannst du nur ungefähr messen, weil du immer einen Teil deines Armes mitwiegst, wenn du die Hand auf eine Waage legst. Du kannst es trotzdem versuchen. Wiederhole die Messung mehrmals und achte darauf, dass du keinen Druck auf die Waage ausübst.

Du kannst das Gewicht deiner Hand auch indirekt bestimmen: Tauche eine Hand bis zum Handgelenk in einen Messbecher mit Wasser und miss so ihr Volumen. Du weißt vom Schwimmen her, dass dein Körper im Wasser schweben kann, weil er etwa so viel wiegt wie das verdrängte Wasser. Weil 1 L Wasser (1000 mL) 1 kg wiegt, kannst du leicht vom Volumen deiner Hand auf ihr Gewicht schließen.

Wie misst du das Volumen eines Steins?

Fülle einen Messbecher zur Hälfte mit Wasser und notiere den Füllstand. Tauche dann den Stein ins Wasser und lies den Füllstand erneut ab. Der Wasserspiegel ist genau um den Betrag gestiegen, der dem Volumen des Steins entspricht.

Wie dick ist ein Blatt Papier?

Miss einen Stapel von 100 Blatt Papier und teile die gemessene Länge durch 100, du findest so heraus, wie dick ein Blatt Papier ist.

Wiegen statt zählen!

Bestimme das Gewicht einer einzelnen Schraube und das Gewicht aller Schrauben in der Schachtel abzüglich des Gewichts der leeren Schachtel. Wenn du das Gewicht aller Schrauben durch das einer Schraube teilst, erhältst du die Anzahl der Schrauben.

S. 35

6 Lot Schokolade bitte

Ballen	Wollgewichtseinheit	ca. 150 – 200 kg
Cent	Edelmetallgewicht	0,1666 … g
Gran	Apothekergewicht	0,062 g
Lot	Lebensmittel wie Brot oder Gewürze	15,6 g
Pfund	üblich bis 1960	500 g
Unze	Apothekergewicht, auch Münzen	30,6 g
Quent	in Preußen übliches Handelsgewicht	1,67 g
Skrupel	Apothekergewicht, Münzgewicht	0,0031 g
Talent	antikes Griechenland	20 – 40 kg
Vierling	altes Handelsgewicht	ca. 12,5 kg
Zentner	üblich bis 1960	50 kg

S. 35

Messen mit Samen

Man kann davon ausgehen, dass Johannisbrotsamen fast immer gleich groß und gleich schwer waren. Weil sie praktisch kein Wasser enthalten, verändern sie ihr Gewicht nicht durch Austrocknen und schließlich waren sie überall vorhanden. Ein Diamant, der mit 1,5 Karat angeboten wird, wiegt genau 0,3 g.

S. 41

Wo die Hunderstel-Sekunde zählt

Ein Bobfahrer legt in *0,008 sec 21 cm* zurück.
In 8 sec legt er *21 cm x 1000 = 21000 cm = 210 m* zurück.
In *3600 sec* (= 1 h) legt er *210 m x 450 = 94500 m =94,5 km* zurück.
Die Geschwindigkeit des Bobfahrers beträgt also *94,5 km/h*.

Ein Rennfahrer legt in *1 h   250 km* zurück.
Er legt in *1 sec 250 km : 3600 = 0,0694 km = 69,4 m* zurück.
Er legt dann in *1/100 sec   69,4 m : 100 = 0,694 m = 69,4 cm* zurück.

S. 41

So genau wie möglich?

Wie groß, wie schwer? Dominik ist 1,58 m groß. Franziska wiegt 45,4 kg.

Ordnen

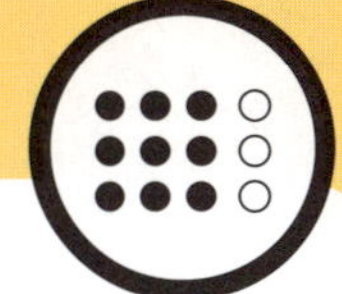

S. 49

Die Welt im Orbis Pictus

Esel, Egge, Eiche … alle Gegenstände auf dem linken Bild beginnen mit E.

Auf dem rechten Bild beginnen alle Namen mit W, z. B. Wegweiser, Windmühle, Weide.

Ein heutiges Lexikon ist ganz ähnlich aufgebaut, nämlich nach dem Alphabet sortiert, nur sind nicht alle Gegenstände abgebildet, sondern oft nur beschrieben.

S. 57

Gesucht wird: Der Stoffsteckbrief

So kannst du weitere Stoffeigenschaften bestimmen:

Aussehen eines Stoffes

Untersuche:

Beschreibe die Farbe und die Beschaffenheit der Oberfläche.

Wärmeleitfähigkeit

Du brauchst:

- Topf,
- Herdplatte,
- Streichhölzer,
- Wasser,
- Löffel aus Plastik,
- Holz,
- Metall und Porzellan,
- Glasstab,
- Metallstab,
- Graphitstab

Untersuche:

Erwärme das Wasser im Topf auf der Herdplatte so lange, bis es zu sieden beginnt.

Stelle die Herdplatte aus.

Stelle die Stäbe in das heiße Wasser, achte darauf, dass sie sich nicht berühren.

Welcher Stab erwärmt sich am schnellsten?

Stelle den Brenner wieder an und erhitze das Wasser erneut.

Schalte den Brenner wieder aus, sobald das Wasser zu sieden beginnt.

Stelle die Löffel in das heiße Wasser. Welcher Löffel leitet die Wärme am besten?

Löslichkeit

Du brauchst:
- 4 Reagenzgläser,
- Stopfen,
- Reagenzglasständer,
- Spatel,
- Becherglas (200 ml),
- kaltes Wasser in Spritzflaschen,
- heißes Wasser,
- Kochsalz,
- Zucker,
- Mehl,
- Kreide.

Untersuche:
Gib jeweils zwei Spatelspitzen des zu untersuchenden Stoffes in ein Reagenzglas.
Fülle das Reagenzglas anschließend etwa zur Hälfte mit Wasser.
Verschließe das Reagenzglas mit einem Stopfen und schüttle es mehrmals.
Stelle das Reagenzglas – falls sich der Stoff nicht löst – in das Becherglas mit heißem Wasser.
Welche Stoffe lösen sich gut im Wasser?

Brennbarkeit

Du brauchst:
- Tiegelzange,
- Verbrennungslöffel,
- Brenner,
- Stoffproben, z. B. Papierstreifen,
- Eisennagel,
- Schutzbrille!
- Wolle,
- Alufolie,
- Sand,
- Zucker,
- Mehl,
- Kreide

Untersuche:
Halte die Stoffe mit der Tiegelzange oder dem Verbrennungslöffel in die Spitze der
rauschenden Brennerflamme. Wie verändern sich die Stoffe?

Schwimmverhalten

Du brauchst:
- 1 Becherglas (1 l),
- Proben unterschiedlicher Stoffe (z. B. Papierschnipsel, Münze, Holzstückchen, Kochsalz, Kunststoffschnipsel)

Untersuche:
Fülle das Becherglas zu ¾ mit Wasser.
Gib nacheinander die verschiedenen Stoffproben auf die Wasseroberfläche.
Welche Stoffe schwimmen auf Wasser?

Magnetismus

Untersuche:
Überprüfe, ob sich unterschiedliche Stoffe von einem Magneten anziehen lassen.

Experimentieren

S. 68

Das Geheimnis der Tulpen

Pflanzen können auf zwei Weisen größer werden: einmal durch Zellvermehrung, zum anderen dadurch, dass jede einzelne Zelle sich streckt.

Ein solches Streckungswachstum machen die Tulpen in der Vase. Sie nehmen Wasser auf und speichern es in den Zellen der Stängel. Weil diese Stängel elastisch sind, werden sie dadurch gestreckt.

Viele andere Blumen können das nicht. Die Stängel von Rosen sind so stark verholzt, dass sie sich nicht mehr dehnen können.

S. 72

Farbvergleich

Die Farbe der blauen Stifte ist verändert worden. Die Farbe der schwarzen Stifte ist nicht verändert worden. Sofie hat das Experiment mit den beiden schwarzen Stiften unter verschiedenen Bedingungen durchgeführt: Sie hat unterschiedlich lange gewartet bis sie die Stifte aus dem Wasser genommen hat.

S. 76

Der Wollversuch von Kai und Lisa

a) Als sie das Thermometer ins Haus gebracht haben, war es dort wärmer als im Keller. Deshalb ist die Temperatur gestiegen. Sie hätten das Thermometer auf dem Weg vom Keller ins Haus beobachten müssen.

b) Als Kai das Thermometer unter Lisas Pullover gehalten hat, hat Lisas Körper die Temperatur ansteigen lassen.

c) Als Lisa das Thermometer gerieben hat, ist es wegen der Reibung warm geworden.

In allen Fällen hat nicht die Wolle die Temperatur ansteigen lassen.

zu a) Kai und Lisa könnten das Thermometer einfach im Wohnzimmer auf den Tisch legen. Wenn die Temperatur dieselbe ist wie unter der Wolldecke, ist es nicht die Wolle, die warm macht.

zu b) Sie könnten das Thermometer zwischen die Pullover im Schrank legen. Wenn die Temperatur dieselbe ist wie auf dem Tisch, ist es nicht die Wolle vom Pullover, die warm macht.

zu c) Sie könnten das Thermometer auch mit einem Stück Alufolie oder Plastikfolie reiben. Es passiert immer dasselbe. Es liegt also nicht an der Wolle

S. 77

Renates Nudelversuch

Wenn man nur 5 Nudeln nimmt, kann man das Gewicht auf der Waage nicht genau
genug ablesen. Renate hätte mehr Nudeln nehmen müssen oder eine genauere Waage
z. B. eine Briefwaage.

S. 77

Das Minigewächshaus

Frage:
Warum wachsen Pflanzen im Gewächshaus besser als auf dem Feld?

Versuchsidee:
Wenn die Pflanzen besser wachsen, kann das daran liegen,
dass es im Gewächshaus wärmer ist als draußen.

Material:
- 2 kleine Thermometer,
- 1 Plastikbecher,
- Frischhaltefolie

Aufbau und Durchführung:
Wir legen ein Thermometer in den Plastikbecher und anschließend die Öffnung
mit Frischhaltefolie.
Wir stellen den Plastikbecher in die Sonne und legen
das zweite Thermometer neben den Becher in die Sonne.

Beobachtung:
Die Temperatur im Becher steigt deutlich höher als außerhalb.

Auswertung:
Die Glasfenster beim Gewächshaus sind wie die Frischhaltefolie.
Die erwärmte Luft im Gewächshaus kann nicht entweichen.
Dadurch wird es drinnen wärmer als draußen.

Dokumentieren

Lesbar machen, was andere wissen sollen

Seine Geburtsgröße findet Aeneas im Somatogramm, wenn er beim Alter „0"
auf der Zentimeter-Achse abliest. Aeneas war demnach bei der Geburt 53 cm groß.
Wenn Aeneas wissen will, wann er doppelt so groß war wie bei der Geburt, dann sucht
er im Somatogramm auf der Zentimeter-Achse bei 106 cm (2 x 53cm) und liest den
zugehörigen Wert auf der Alters-Achse ab: 48 Monate, also 4 Jahre!
Im Somatogramm sind 3 durchgezogene Kurven eingezeichnet. Sie wurden aus vielen
Messungen bei sehr vielen Babies berechnet. Die mittlere Kurve gibt zu jedem Alter die
Durchschnittsgröße an: Die Hälfte aller Babies sind größer, die andere Hälfte kleiner als
auf dieser Kurve angegeben. Die obere und die untere Kurve geben an, in welchem
Bereich die Größe bei einer normalen Entwicklung schwanken kann. Nur wenige
Babies – etwa 3 von 100 – sind größer, als es die obere Linie angibt, und nur wenige –
3 vom 100 – sind kleiner, als es der unteren Linie entspricht.
Babies entwickeln sich nicht in jeder Woche gleich, mal nehmen sie etwas mehr zu,
wenn ein Baby krank ist, kann es auch wieder abnehmen, in manchen Wochen
wächst ein Säugling auch mehr als in anderen.

Das Baby-Tagebuch

Mailins Mutter hat bestimmt auch einen Baby-Pass geführt. Denn das Tagebuch hält die
Entwicklung nur unsystematisch fest. Der Baby-Pass hilft auch dem Kinderarzt zu
beurteilen, ob die Entwicklung des Kindes normal ist und die Eltern beruhigt sein können.

Beschreiben, was du siehst

Die folgenden Ausdrücke in der Beschreibung des Gorillas passen nicht in einen
naturwissenschaftlichen Text: er lungert – er ist gelangweilt – ihm kommt eine Idee –
er fühlt sich bedrängt – er hat genug (von meiner Anwesenheit)
Du hast beim Überarbeiten des Textes von Marie bestimmt festgestellt, dass es
manchmal schwer ist, Beobachtungen und Deutungen voneinander zu trennen.
Gorillas sehen ähnlich aus wie Menschen, sie bewegen sich ähnlich wie Menschen, und
ihre Mimik ähnelt der eines Menschen. Deshalb nimmt man leicht an, dass sie ähnlich
empfinden und denken wie ein Mensch. Das passiert auch bei Tieren, mit denen man
häufig zusammen ist, z.B. bei einem Hund, einer Katze oder einem Kaninchen.
Weil aber niemand wirklich weiß, was Tiere empfinden oder ob sie überhaupt denken
können ähnlich wie ein Mensch, darfst du nicht vorschnell das Verhalten eines Tieres
nach menschlichem Muster interpretieren. Deine Beschreibung muss so sein, dass ein
anderer, der sie liest, sich seine eigenen Gedanken machen kann. In einer naturwissen-

schaftlichen Beschreibung darf darum nur das auftauchen, was du mit deinen Sinnen erfassen kannst. Wenn du alle Beobachtungen gesammelt hast, kannst du sie natürlich aus deiner Sicht deuten. Du musst dann aber genau sagen, was Beobachtung ist und was du dir dabei gedacht hast.

S. 88

Ausführlich oder kurz und bündig?

Überflüssig ist alles, was nicht unmittelbar den Versuch beeinflusst, z. B. die Farbe von Messbecher oder Filtertüte oder dass Lukas Mutter darauf besteht, dass er am Ende alles wieder gründlich reinigt. In manchen Fällen ist es schwierig zu entscheiden, was wichtig ist und was nicht: Es ist nicht wichtig zu erfahren, warum Lukas die Auflaufform auf den Balkon in die Sonne gestellt hat. Es ist aber durchaus wichtig zu wissen, dass es dort einen Windzug gegeben hat und dass das Wasser schneller verdunstet ist.

S. 90

Ergebnisse auf einen Blick

Die Unterschiede im Atemvolumen hängen zum großen Teil davon ab, ob jemand regelmäßig Sport macht oder nicht. Du kannst dein Atemvolumen steigern, wenn du z. B. täglich längere Strecken Rad fährst oder Joggen gehst.

S. 96

Die richtige Überschrift macht's

Im Balkendiagramm ist nicht angegeben, wie groß Max an jedem Geburtstag war, sondern nur, um wie viele cm er von einem Geburtstag zum nächsten gewachsen ist. Wenn du wissen willst, wie groß Max bei seiner Geburt war, dann musst du alle Zuwächse zusammenzählen und von seiner Größe am 13. Geburtstag abziehen. Max kam also mit 54 cm zur Welt.
Du kannst das Zuwachs-Diagramm leicht in ein Körpergröße-Diagramm für Max umwandeln, wenn du für „0 Jahre" mit 54 cm beginnst und für die Folgejahre die Balken immer um den Zuwachs verlängerst.

S. 103

Magnetische Büroklammern

Die erste Schlussfolgerung ist sicher falsch: Die Klammer sieht zwar aus wie Kupfer, aber Kupfer wird von einem Magneten nicht angezogen. Die zweite Schlussfolgerung ist ebenfalls falsch. Wenn die Büroklammer aus Eisen, Nickel oder Kobalt ist, kann sie nicht kupferfarben aussehen. Die dritte Schlussfolgerung gibt Materialien an, die wegen der magnetischen Anziehung zusätzlich in der Büroklammer enthalten sein könnten. Die Beobachtung der Farbe bleibt aber unberücksichtigt.

Bei der vierten Schlussfolgerung wurde außerdem bedacht, dass Eisen ein sehr häufiges und deshalb preiswertes Material ist. Die letzte Schlussfolgerung ist die aussagekräftigste von allen. Sie berücksichtigt beide Beobachtungen: Das kupferfarbene Aussehen und die magnetische Anziehung.

S. 105

Messen, wann das Wasser kocht

- Vielleicht war weniger Wasser im Wasserkocher als sonst.
- Vielleicht war der Wasserkocher schon warm, weil kurz vorher damit schon Wasser gekocht worden ist.
- Vielleicht hat Jans Mutter warmes Wasser eingefüllt.
- Vielleicht hat Jan die Zeit falsch abgelesen.

Aus den Daten, die Jan gesammelt hat, kann man trotzdem wichtige Schlussfolgerungen ziehen:

1. Das Teewasser braucht etwa zwischen 3 und 3 ½ Minuten, bis es kocht.
2. Genauere Angaben kann man nur machen, wenn man immer gleich viel Wasser kocht und auch sonst die Situation immer gleich ist.

S. 108

Die rätselhafte Blase

Mit Hilfe der Experimente überzeugt Paul Marie, dass ihre Erklärung falsch war.

Marie versteht, dass beim Anfassen der Flasche mit den Händen, Wärme auf die Flasche übertragen wird. Ihre Beobachtung, dass man so eine Blase machen kann, war also völlig richtig, aber ihre Schlussfolgerung daraus war falsch.

1. Idee, Versuch 1, Beobachtung: Der Ballon bläht sich auf.
1. Idee, Versuch 2, Beobachtung: Der Umfang des Ballons nimmt zu.
1. Idee, Ergebnis: Luft dehnt sich bei Erwärmung aus.
2. Idee, Beobachtung: Es entsteht keine Blase.

2. Idee, Ergebnis: Die Blase entsteht nicht durch das Zusammendrücken der Flasche.

3. Idee, Beobachtung: Es entsteht eine Blase.

3. Ergebnis: Die Blase entsteht durch das Erwärmen der Flasche.

S. 114

Der Solar-Zeppelin

Zu a) Es ist richtig, dass die Luft sich ausdehnt und nach oben steigt. Wenn der Versuch mit jedem anderen Sack funktioniert, muss er auch mit einem durchsichtigen großen Müllbeutel funktionieren. Das lässt sich im Experiment überprüfen.

Zu b) Es ist richtig, dass der Sack schwarz sein muss und schwarze Dinge wärmer werden als andere. Das kann man im Experiment überprüfen. Aber Wärme allein treibt nichts an. Nicht die Wärme, sondern die warme aufsteigende Luft treibt die Weihnachtspyramide an. Würde man eine Weihnachtspyramide in den Backofen stellen, würde sie sich nicht bewegen.

Zu c) Wenn viel Luft den Sack nach oben treiben würde, könnte man ihn einfach aufblasen. Dann müsste er nach oben steigen. Das kann man im Experiment überprüfen.

So könnte eine Erklärung lauten:

Der schwarze Sack wird in der Sonne warm. Schwarze Dinge wärmen sich stärker auf als weiße oder durchsichtige Dinge. Dadurch wird die Luft im Sack ebenfalls warm und dehnt sich aus. Die ausgedehnte Luft steigt auf und nimmt die Hülle des Solarzeppelins mit. Damit der Ballon aufsteigt, darf die Hülle nicht zu schwer sein.

S. 116

Ist Hefe ein Lebewesen

Welche Schlüsse man aus einem Experiment zieht, hängt wesentlich davon ab, von welcher Erwartung man ausgeht.

Die erste Gruppe behauptete: Wenn dasselbe Gas entsteht wie beim Ausatmen, ist Hefe ein Lebewesen.

Die zweite Gruppe behauptete: Wenn dasselbe Gas entsteht wie bei Backpulver, ist Hefe eine Chemikalie.

Keines der Experimente konnte die Frage klären, ob Hefe ein Lebewesen ist oder nicht, denn Kohlenstoffdioxid (das Gas, das sich auch in der ausgeatmeten Luft befindet) kann auf verschiedene Weise entstehen. Geklärt werden kann diese Frage erst, wenn man weiß, was man in der Biologie überhaupt unter einem Lebewesen versteht. Wendet man diese Kriterien an, dann ist Hefe tatsächlich ein Lebewesen.

Modelle

Sonne und Erde im Modell

In dem einen Modell werden eine Lampe und ein Globus verwendet, im anderen Modell eine Waschschüssel und ein Stuhl, auf dem jemand sitzt. Beide Modelle stellen aber den gleichen Sachverhalt dar: Sie zeigen, wie sich die Himmelskörper umeinander bewegen. Beide Modelle geben, wie du dir leicht vorstellen kannst, die wahren Größenverhältnisse von Sonne und Erde völlig „falsch" wieder. Aber darauf kommt es in diesen Modellen auch gar nicht an. Wenn man stattdessen die Größenverhältnisse und Entfernungen abbilden will, braucht man ein anderes Modell, bei dem Durchmesser und Abstände im selben Maßstab verkleinert werden.

Entfernungen im Sonnensystem

Modell auf einem DINA4-Blatt: Du kannst z.B. den Maßstab 1 : 2 000 000 000 wählen. Die Entfernung Erde – Mond ist dann 19,2 cm. Die Erde hat einen Durchmesser von 0,63 cm und der Mond von 0,017 cm (also nur ein Punkt mit der Bleistiftspitze).

So funktioniert die Lunge

Funktionsmodell	Menschlicher Torso
Plastikflasche	Rippen
Glasröhrchen	Luftröhre und Bronchien
Innerer Luftballon	Lunge
Aufgeschnittener Luftballon als Flaschenboden	Zwerchfell

Durch die Bewegung des Zwerchfells nach unten wird der Raum, der von den Rippen eingeschlossen wird, vergrößert. Dadurch wird Luft durch Luftröhre und Bronchien in die Lunge eingesogen. Wenn das Zwerchfell wieder in die Ausgangslage zurückgeht, strömt die Luft wieder aus.
Wenn du beim Atmen deine Hand auf deinen Bauch legst, merkst du, dass er sich beim Einatmen vorwölbt und beim Ausatmen wieder flacher wird.

Am Lungenfunktionsmodell kannst du eine Menge über Modelle lernen:

- Modelle müssen keineswegs so aussehen wie das Original, besonders dann nicht, wenn sie die Arbeitsweise des Originals verdeutlichen sollen.
- Ein Funktionsmodell kann auch Teile enthalten, die keine Entsprechung beim Original haben. *Welches Teil könnte dem durchbohrten Korken im Flaschen-Luftballon-Modell entsprechen oder dem Klebeband?*
- Umgekehrt wird in einem Funktionsmodell vieles weggelassen, was in der Wirklichkeit sehr wichtig ist. *Gibt es im Modell Lungenbläschen oder Blutgefäße?*
- Damit die Arbeitsweise, die man zeigen will, besonders klar wird, unterscheidet sich das Modell oft zusätzlich vom wirklichen Gegenstand. *Im Brustkorb des Menschen gibt es im Unterschied zum Modell außerhalb der Lunge keine Luft. Das Einatmen kommt nicht nur durch die Bewegung des Zwerchfells zustande, sondern wird auch durch eine Vergrößerung des Brustkorbs durch die Rippenbewegung bewirkt.*

S. 134

Der Kreislauf des Wassers

Das Wasser *gefriert*. Es entstehen Eiswürfel.
Die Eiswürfel *schmelzen*. Es entsteht *Wasser*.
Das Wasser *verdampft. Es entsteht Wasserdampf.*
Der *Wasserdampf* schlägt sich am kalten Topfdeckel nieder und *kühlt dort ab*.
Es entsteht wieder *Wasser*.

Der Modellversuch zeigt außerdem, dass man zum Schmelzen und Verdampfen Wärme braucht, dass Wasserdampf dann kondensiert, wenn ein kalte Fläche da ist, und dass man zur Eisbildung nochmals Wärme ableiten muss.

S. 136

Das Teilchenmodell

Wenn man dem flüssigen Wasser mehr Wärme zuführt, dann *erhalten die Teilchen zusätzlich Energie und können sich schneller bewegen. Die Wasserteilchen im flüssigen Wasser bewegen sich so schnell, dass sie nach und nach die Flüssigkeit verlassen und gasförmigen Wasserdampf bilden.*
Wenn man dem gasförmigen Wasserdampf Wärme entzieht, dann *wird den einzelnen Wasserteilchen Energie entzogen. Sie bewegen sich langsamer, die Abstände zwischen den Teilchen verkleinern sich. Es bildet sich flüssiges Wasser.*
Wenn man dem flüssigen Wasser Wärme entzieht, dann *wird den einzelnen Wasserteilchen Energie entzogen. Sie bewegen sich langsamer, die Abstände zwischen den Teilchen verkleinern sich. Die Teilchen können schließlich ihre Plätze nicht mehr verlassen. Es bildet sich festes Eis.*

S. 138
Plötzlich ist der Zucker weg

Das beobachtest du	So erklärst du es
Die Zuckerkristalle verschwinden im Wasser, der Zucker löst sich auf.	*Der Zucker besteht aus Zuckerteilchen. An der Oberfläche der Zuckerteilchen werden einzelne Teilchen nach und nach von Wasserteilchen abgelöst und umhüllt. Die beweglichen Wasserteilchen verteilen die Zuckerteilchen in der ganzen Flüssigkeit.*
Die Menge an Wasser wird immer weniger.	*Das Wasser verdunstet. Die Wasserteilchen nehmen aus der umgebenden Luft Wärme auf. Sie bewegen sich immer schneller und bilden Wasserdampf.*
Nach einem Tag sieht man weiße Kristalle.	*Wenn weniger Wasserteilchen da sind, lagern sich die Zuckerteilchen wieder zusammen und bilden feste weiße Kristalle.*

Auf ähnliche Weise kannst du auch andere Vorgänge erklären, z. B. die Verteilung von blauer Tinte in einer großen Menge Wasser oder die Ausbreitung von Geruchsstoffen in der Luft.

Flüssigkeiten

Wasser

Masse:	18 g/mol
Siedepunkt:	100 °C
Schmelzpunkt:	0 °C
Dichte:	1,00 g/cm³
Wasserlöslichkeit:	–

Salze

Silbernitrat
Höllenstein

Masse:	169,87 g/mol
Siedepunkt:	–
Schmelzpunkt:	212 °C
Dichte:	4,35 g/cm³
Wasserlöslichkeit:	2150 g/L

Salze

Natriumchlorid
Kochsalz

Masse:	58,44 g/mol
Siedepunkt:	1465 °C
Schmelzpunkt:	800 °C
Dichte:	2,16 g/cm³
Wasserlöslichkeit:	358 g/L

Flüssigkeiten

Ethanol
Alkohol

Masse:	46,07 g/mol
Siedepunkt:	78,32 °C
Schmelzpunkt:	-114,5 °C
Dichte:	0,79 g/cm³
Wasserlöslichkeit:	unbegrenzt

Salze

Calciumchlorid

Masse:	110,99 g/mol
Siedepunkt:	–
Schmelzpunkt:	772 °C
Dichte:	2,15 g/cm³
Wasserlöslichkeit:	740 g/L

Salze

Kaliumcarbonat
Pottasche

Masse:	138,20 g/mol
Siedepunkt:	–
Schmelzpunkt:	ca. 891 °C
Dichte:	2,43 g/cm³
Wasserlöslichkeit:	1135 g/L

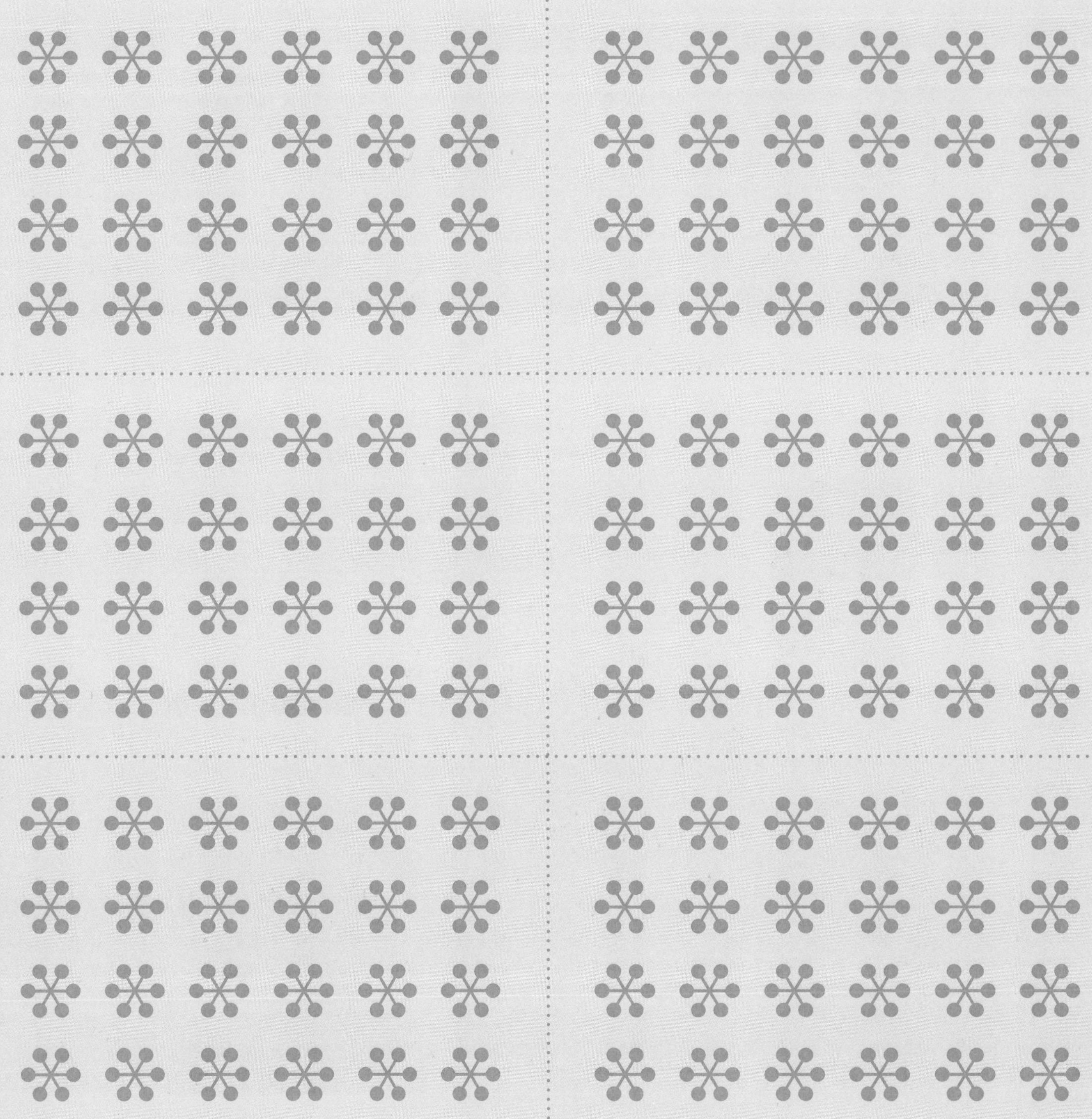

Gase

Distickstoffoxid
Lachgas

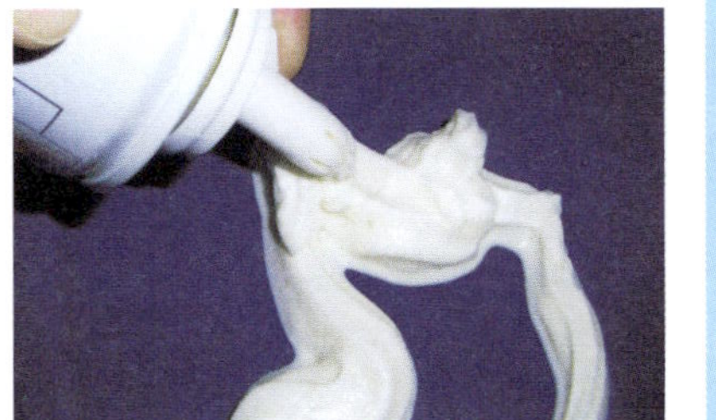

Masse:	44,01 g/mol
Siedepunkt:	- 88,5 °C
Schmelzpunkt:	- 90,8 °C
Dichte:	1,997 g/cm³
Wasserlöslichkeit:	2,95 g/L

Gase

Sauerstoff

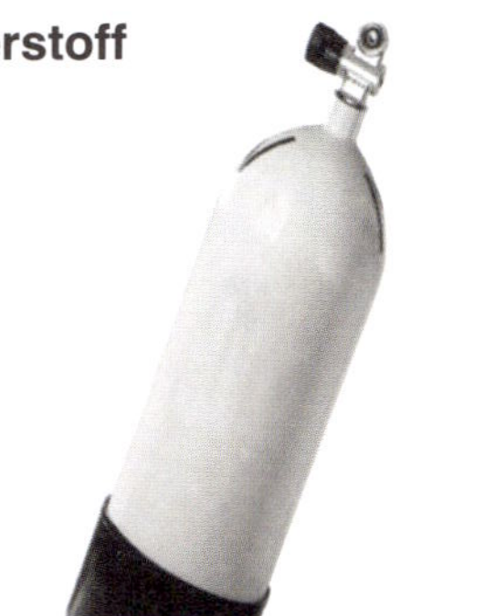

Masse:	32 g/mol
Siedepunkt:	- 182,96 °C
Schmelzpunkt:	- 218 °C
Dichte:	1,43 g/cm³
Wasserlöslichkeit:	8,8 g/L

Flüssigkeiten

Ethansäure
Essigsäure

Masse:	60,05 g/mol
Siedepunkt:	117,9 °C
Schmelzpunkt:	16,5 °C
Dichte:	1,05 g/cm³
Wasserlöslichkeit:	unbegrenzt

Gase

Neon

Masse:	20,18 g/mol
Siedepunkt:	- 246,06 °C
Schmelzpunkt:	- 248,61 °C
Dichte:	0,9 g/cm³
Wasserlöslichkeit:	–

Gase

Schwefeldioxid

Masse:	64,06 g/mol
Siedepunkt:	- 10 °C
Schmelzpunkt:	- 72,7 °C
Dichte:	2,93 g/cm³
Wasserlöslichkeit:	105 g/L

Flüssigkeiten

Propanon
Aceton

Masse:	58,08 g/mol
Siedepunkt:	56 °C
Schmelzpunkt:	-95 °C
Dichte:	0,79 g/cm³
Wasserlöslichkeit:	unbegrenzt

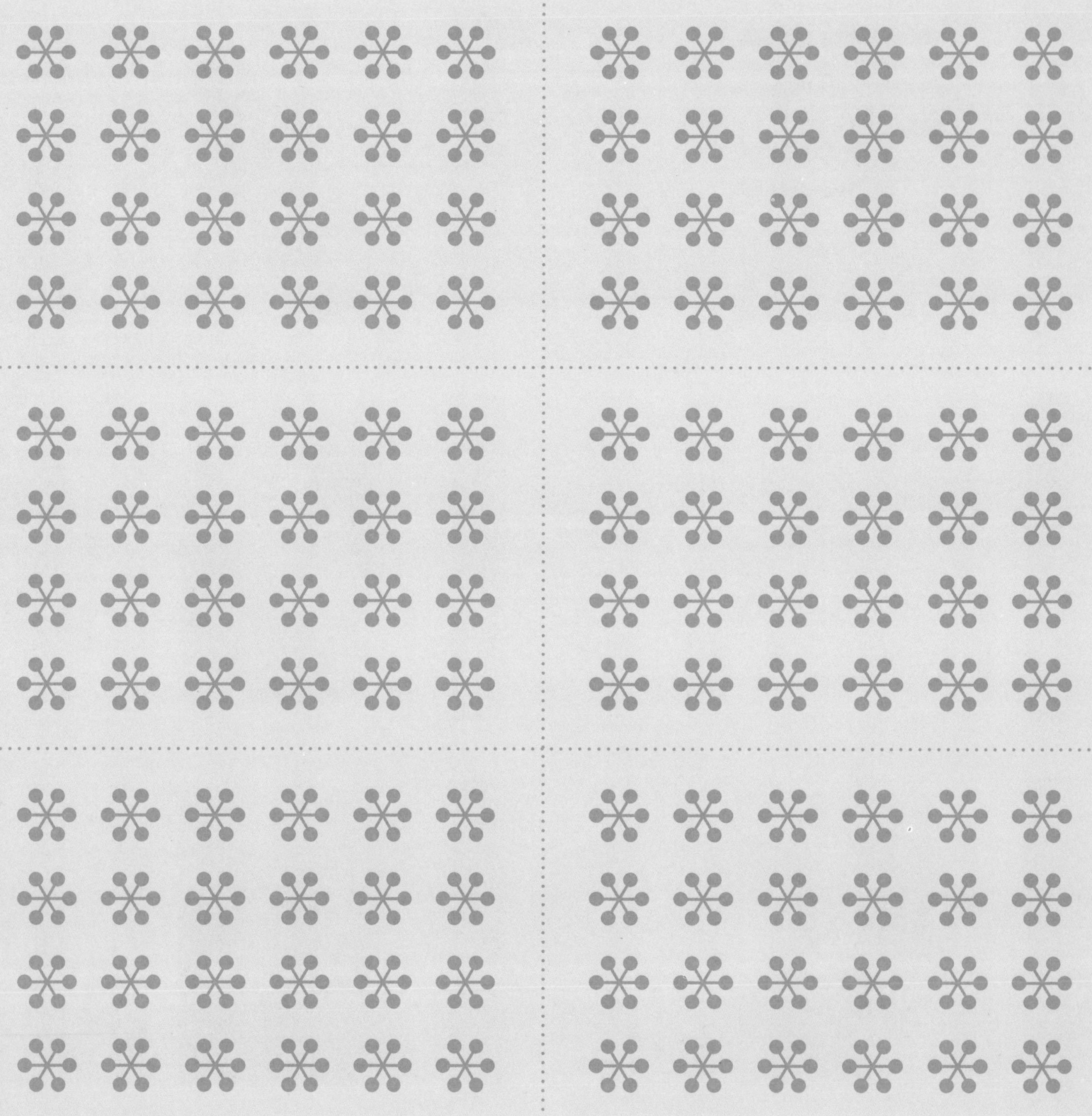

Nichtmetalle

Schwefel

Masse: 32,07 g/mol
Siedepunkt: 444,67 °C
Schmelzpunkt: 115 °C
Dichte: 2,07 g/cm³
Wasserlöslichkeit: Nicht löslich

Metalle

Aluminium

Masse: 26,98 g/mol
Siedepunkt: 2519 °C
Schmelzpunkt: 660,37 °C
Dichte: 2,70 g/cm³
Wasserlöslichkeit: Nicht löslich

Metalle

Kupfer

Masse: 63,55 g/mol
Siedepunkt: 2562 °C
Schmelzpunkt: 1085 °C
Dichte: 8,95 g/cm³
Wasserlöslichkeit: Nicht löslich

Nichtmetalle

Kohlenstoff

Masse: 12,01 g/mol
Siedepunkt: 4830 °C
Schmelzpunkt: 3547,1 °C
Dichte: 3,51 g/cm³
Wasserlöslichkeit: Nicht löslich

Metalle

Selen

Masse: 78,96 g/mol
Siedepunkt: 685 °C
Schmelzpunkt: 221 °C
Dichte: 4,79 g/cm³
Wasserlöslichkeit: Nicht löslich

Metalle

Eisen

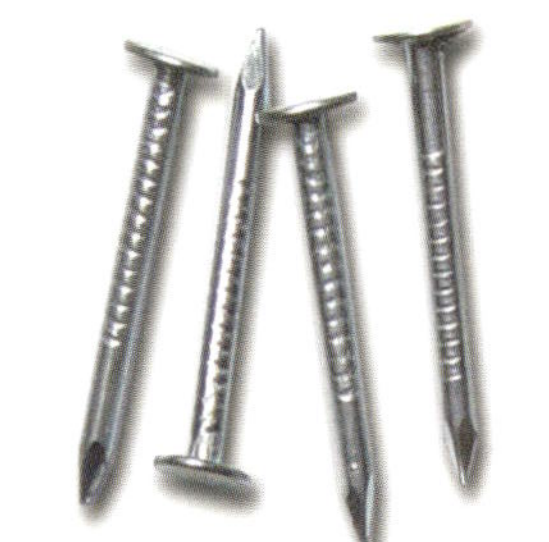

Masse: 55,85 g/mol
Siedepunkt: 2861 °C
Schmelzpunkt: 1538 °C
Dichte: 7,87 g/cm³
Wasserlöslichkeit: Nicht löslich

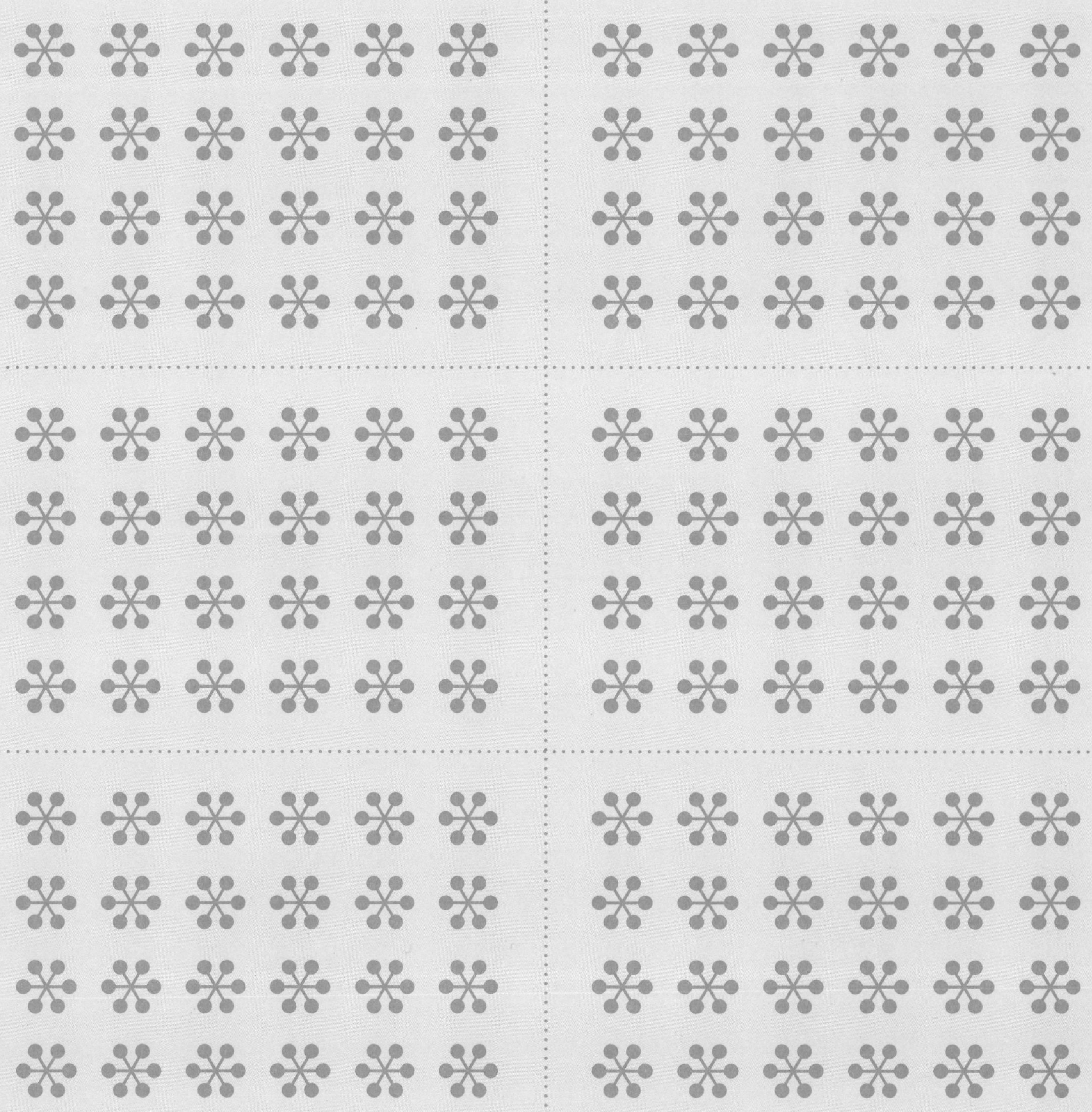

Nichtmetalle

Bor

Masse:	10,81 g/mol
Siedepunkt:	4000 °C
Schmelzpunkt:	2075 °C
Dichte:	2,35 g/cm³
Wasserlöslichkeit:	–

Nichtmetalle

Phosphor

Masse:	30,97 g/mol
Siedepunkt:	280,5 °C
Schmelzpunkt:	44,1 °C
Dichte:	1,82 g/cm³
Wasserlöslichkeit:	–

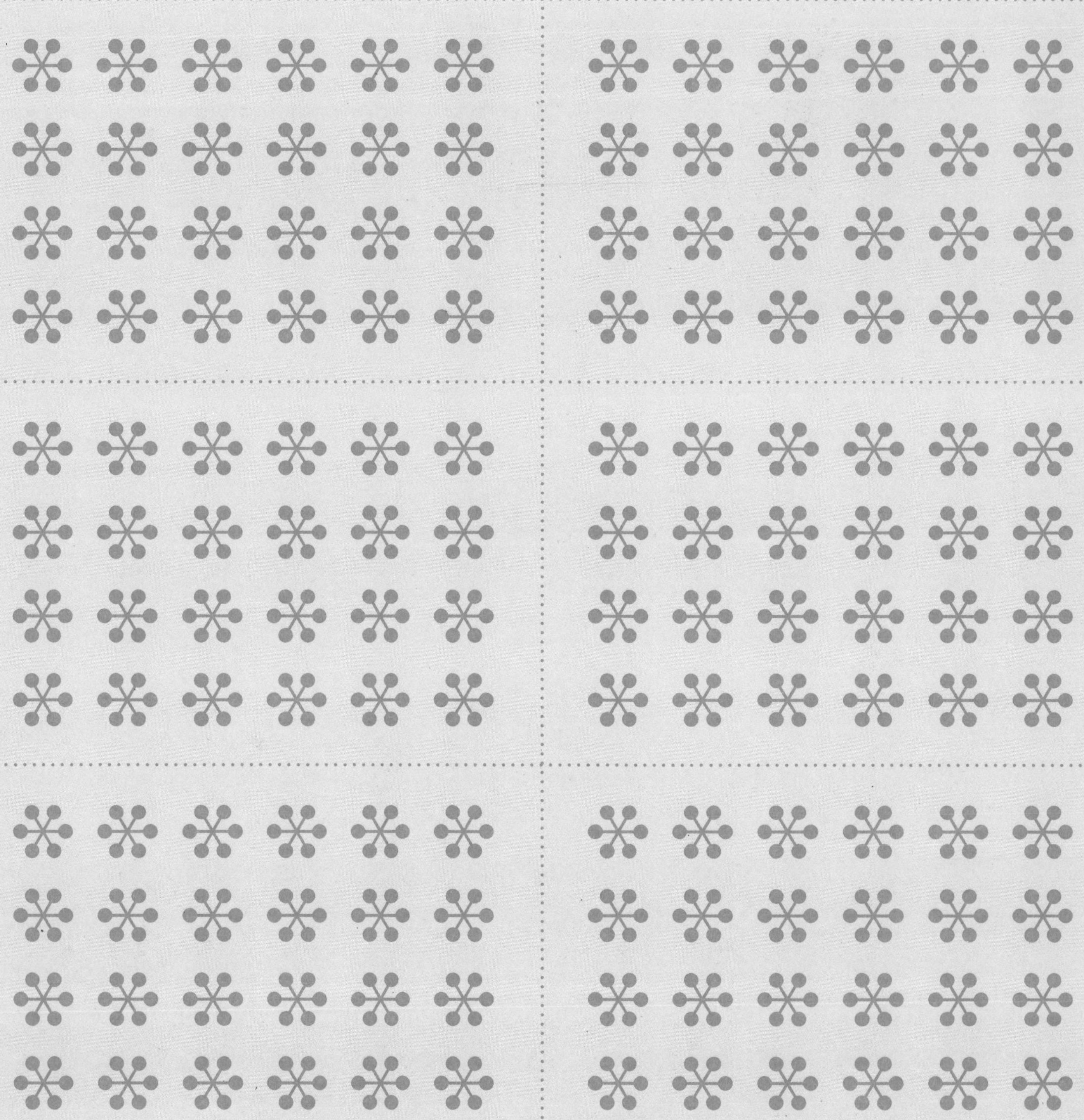